ARITHMÉTIQUE

PAR

G. BOVIER-LAPIERRE

PROFESSEUR DE MATHÉMATIQUES
A L'ÉCOLE NORMALE D'ENSEIGNEMENT SECONDAIRE SPÉCIAL
DE CLUNY

OUVRAGE RÉDIGÉ CONFORMÉMENT

aux programmes officiels de 1866

POUR L'ENSEIGNEMENT SECONDAIRE SPÉCIAL

(ANNÉE PRÉPARATOIRE ET PREMIÈRE ANNÉE)

DEUXIÈME ÉDITION
entièrement refondue et augmentée d'un grand nombre de problèmes

PARIS

LIBRAIRIE DE L. HACHETTE ET Cie

BOULEVARD SAINT-GERMAIN, N° 77

1868

33004

ARITHMÉTIQUE

PARIS. — IMP. SIMON RAÇON ET COMP., RUE D'ERFURTH, 1.

ARITHMÉTIQUE

PAR

G. BOVIER-LAPIERRE

PROFESSEUR DE MATHÉMATIQUES
À L'ÉCOLE NORMALE D'ENSEIGNEMENT SECONDAIRE SPÉCIAL
DE CLUNY

OUVRAGE RÉDIGÉ CONFORMÉMENT
aux programmes officiels de 1866

POUR L'ENSEIGNEMENT SECONDAIRE SPÉCIAL

(ANNÉE PRÉPARATOIRE ET PREMIÈRE ANNÉE)

DEUXIÈME ÉDITION
ENTIÈREMENT REFONDUE ET AUGMENTÉE D'UN GRAND NOMBRE DE PROBLÈMES

PARIS
LIBRAIRIE DE L. HACHETTE ET Cᴵᴱ
BOULEVARD SAINT-GERMAIN, Nᵒ 77

1868

PRÉFACE

En ce qui concerne les mathématiques, l'enseignement spécial a un caractère tout particulier : il doit conduire promptement et simplement aux applications, en donnant néanmoins aux élèves les moyens de se rendre compte de toutes les opérations qu'ils ont à effectuer dans les calculs numériques et la construction des figures géométriques. C'est là le point de vue qu'il faut avoir sans cesse présent à l'esprit, si l'on veut éviter de faire fausse route soit dans les leçons orales, soit dans la rédaction d'un livre destiné aux classes.

Intermédiaire entre l'enseignement primaire et l'engnement classique, le nouvel enseignement emprunte à l'un la simplicité du langage et de l'exposition, à l'autre la méthode scientifique du raisonnement dans une sage mesure. Mais autant il peut s'élever au-dessus du premier, autant il doit s'attacher à suivre des voies plus modestes que le second. L'unité dans l'enchaînement des principes, la rigueur inflexible des démonstrations, sont un luxe qui n'est pas fait pour lui, quand il est obligé de le payer par trop de temps et trop de peine. A la théorie il demandera seulement tout ce qui est nécessaire pour que les élèves comprennent nettement ce qui leur est enseigné. Quant à l'ordre le plus utile à suivre, il importe de ne pas accumuler les principes sous une forme abstraite, mais de tirer d'un premier toutes les applications qu'il renferme, avant d'en exposer un second.

Si l'on considère l'arithmétique en particulier, son but essentiel est la résolution des problèmes. Mais cette première tâche remplie, elle en a une autre, celle de fournir aux élèves la connaissance des théories qui auraient, dans ce qui précède, embarrassé sa marche, et qui sont indispensables aux élèves qui veulent poursuivre l'étude des mathématiques : de là une division toute naturelle en deux parties. La première est bornée à l'exposition des quatre règles sur les nombres entiers et les nombres fractionnaires, dégagée de tout ce qui ne lui est pas absolument nécessaire pour atteindre son but, et complétée par l'exposition du système métrique. C'est l'arithmétique du cours préparatoire de l'enseignement spécial, des classes élémentaires des lycées, des écoles primaires et des pensionnats de demoiselles. Tel est le plan que j'ai suivi dans cet ouvrage; les innovations que j'ai introduites dans chacune des deux parties sont le résultat d'une longue expérience.

Dans la première, j'ai supprimé toute distinction entre les nombres décimaux et les nombres entiers; de là une grande simplification obtenue sans nuire le moins du monde à la clarté. Toute difficulté disparaît, si l'on prend soin d'étudier la multiplication et la division, d'abord dans le cas où le multiplicateur et le diviseur sont des nombres entiers. En passant ensuite au cas où ce sont des nombres décimaux, on trouve l'avantage de faire comprendre facilement aux élèves que ces deux opérations, quoique conservant alors les mêmes noms, doivent être envisagées sous un point de vue différent; car ils sont portés à admettre que *multiplier* et *diviser* signifient toujours rendre *plus grand* et *plus petit*.

Les mots ont une grande importance pour le progrès des enfants, et toute expression qui dans l'enseignement peut réveiller une idée fausse ou seulement vague, devrait être sévèrement rejetée. C'est pour éviter cet inconvénient que la définition naturelle de la division ne doit être que le développement de l'idée présentée à l'enfant par le nom donné à cette opération. Pour le même motif, il faudrait qu'on n'entendît plus parler de *règle de trois*, et qu'on renonçât pour toujours à cette vieille dénomination qui nous paraîtrait peut-être ridicule, si l'habitude ne nous avait familiarisés avec elle. Je pousserais le rigorisme plus loin en demandant, par exemple, que le mot *sous-multiple*, dans le système métrique, fût remplacé par le mot plus simple de *subdivision*, et, si cela était possible, qu'on réhabilitât, dans la numération, les mots *septante*, *octante* et *nonante*, auxquels un caprice bizarre de l'usage a substitué les expressions de *soixante-dix*, *quatre-vingts* et *quatre-vingt-dix*.

J'ai cru devoir consacrer quelques paragraphes au calcul mental. Les exemples qu'ils contiennent suffiront pour guider les élèves dans la voie d'un calcul plus rapide, et viendront en aide aux maîtres dont les recommandations verbales sont si souvent oubliées. Quelques changements qu'on pourra remarquer dans l'ordre habituel de l'étude des fractions ordinaires, m'ont toujours paru apporter plus de simplicité dans ce chapitre, ordinairement fastidieux pour les commençants.

Sur la seconde partie, je dirai seulement quelques mots pour justifier ma théorie des nombres premiers. Le point important à y mettre en évidence, c'est la propriété caractéristique en vertu de laquelle deux systèmes différents de facteurs premiers ne produisent pas le même nombre. La démonstration rigoureuse de ce principe exige de longs détours, remontant jusqu'à la théorie de la recherche du plus grand diviseur commun à deux nombres, et elle arrive à prouver que la propriété existe, mais sans pouvoir en donner la raison. Or il n'est pas nécessaire de tout cet appareil scientifique pour en convaincre l'élève ; il est parfaitement certain qu'après avoir décomposé un nombre en facteurs premiers, il n'en trouvera jamais d'autres, de quelque manière qu'il s'y prenne. En se contentant de cette notion parfaitement nette et sûre, on économisera un temps précieux dans l'enseignement spécial, et les autres principes en découleront de la manière la plus simple. Cependant, pour rendre mon livre aussi complet que tous les traités élémentaires d'arithmétique, j'ai donné à la fin du volume la théorie ordinaire des nombres premiers, avec celle du plus grand diviseur commun à deux nombres.

Il me semble que l'enseignement spécial ainsi envisagé, dans les premières classes principalement, préparera plus sûrement et moins péniblement les élèves à l'étude des cours des dernières années. Je serais heureux si cette appréciation était partagée par les professeurs chargés de cet enseignement, et si mes ouvrages contribuaient à les aider dans la tâche difficile qui leur est confiée.

TABLE DES MATIÈRES

CHAPITRE VII. — SYSTÈME MÉTRIQUE.

NOTES SUR LE SYSTÈME MÉTRIQUE.

NOTE I. — SUR LA DÉTERMINATION DU MÈTRE.

NOTE II. — SUR LA DÉTERMINATION DU GRAMME.

NOTE III.

NOTE IV. — MESURES, POIDS ET MONNAIES DES PAYS ÉTRANGERS.

NOTE V. — MESURES POUR LE TEMPS ET LA CIRCONFÉRENCE.

CHAPITRE VIII. — RÉSOLUTION DES PROBLÈMES.

DEUXIÈME PARTIE

CHAPITRE IX. — PROPRIÉTÉS DES NOMBRES ENTIERS.

PRINCIPES RELATIFS AUX PRODUITS DE PLUSIEURS FACTEURS.

CHAPITRE X. — PROPRIÉTÉS DES NOMBRES ENTIERS (*suite*).

DIVISIBILITÉ DES NOMBRES.

CHAPITRE XI. — PROPRIÉTÉS DES NOMBRES ENTIERS (*suite*).

NOMBRES PREMIERS.

CHAPITRE XIV. — RACINE CARRÉE.

NOMBRES ENTIERS ET DÉCIMAUX.

FRACTIONS ORDINAIRES.

CHAPITRE XV. — RACINE CUBIQUE.

NOMBRES ENTIERS, DÉCIMAUX ET FRACTIONNAIRES.

CHAPITRE XVI. — PROPORTIONS.

ÉTUDE DE LEURS PROPRIÉTÉS PRINCIPALES.

EXTRAIT DES PROGRAMMES OFFICIELS

DE

L'ENSEIGNEMENT SECONDAIRE SPÉCIAL

ARITHMÉTIQUE

ANNÉE PRÉPARATOIRE

Exercices de calcul. — L'enseignement consiste pendant l'année préparatoire beaucoup plus en exercices pratiques qu'en leçons théoriques ; tous les élèves exécutent, simultanément sur la planchette ou sur l'ardoise, dont chacun d'eux est muni, les calculs et les opérations graphiques indiquées par le professeur.

Arithmétique pratique. — Les quatre opérations sur les nombres entiers et décimaux ; nombreux exercices de calcul mental ; application à la solution des questions usuelles. Pour devoir, quelques problèmes.

PREMIÈRE ANNÉE

1. Notions préliminaires. — Unité. — Nombres entiers. — Numération décimale. — Zéros placés ou supprimés à la droite d'un nombre entier. — Déplacement de la virgule dans un nombre décimal. (1-15 et 67-75.)

2. Opérations fondamentales. — Addition des nombres entiers et décimaux. — Preuve. — Usage. (16-21 et 74.)

3. Soustraction des nombres entiers et décimaux. — Preuve. — Usages. (22-27 et 75.)

4. Multiplication des nombres entiers. — Le produit ne change pas quand on intervertit l'ordre des deux facteurs. — Preuve de la multiplication. — Usages. — Multiplication des nombres décimaux. (28-38 et 76-77.)

5. Produits de plusieurs facteurs. — La valeur du produit est indépendante de l'ordre des facteurs. — Multiplication d'un nombre

---

[1] Pour devoirs, de nombreux exercices sur des questions usuelles. — Une partie de la classe est toujours consacrée aux exercices de *calcul mental*.

PREMIÈRE PARTIE

CHAPITRE PREMIER

NUMÉRATION

NOTIONS PRÉLIMINAIRES.

1. Unité. — Nombre. — Quand on veut mesurer la longueur d'une table, par exemple, on cherche combien de fois elle contient une certaine longueur qui a été adoptée pour cet usage, et qui est connue sous le nom de *mètre*. Si on trouve que cette longueur est contenue trois fois dans celle de la table, on dit que la table a une longueur de trois mètres.

Le mètre est ce qu'on appelle *unité* de longueur, et *trois* est le nombre qui indique combien il y a de ces unités dans la longueur mesurée.

De même quand on dit qu'une bourse renferme une somme de trente francs, cela ne signifie pas qu'il y a dans cette bourse trente pièces de monnaie d'un franc, mais seulement que la somme, qui peut être composée de diverses pièces, a une valeur égale à trente fois celle d'un franc.

Dans ce cas le *franc* est l'unité, et *trente* est le nombre qui fait connaître combien la somme contient de ces unités.

La longueur d'une table, la valeur d'une somme d'argent sont des *quantités*. En général on désigne par ce nom tout ce que l'on conçoit comme pouvant être plus ou moins grand ; tels sont le poids d'un objet, l'espace de temps qui s'écoule d'un moment à un autre, la contenance d'un bassin, etc. Il est évident qu'une quantité ne peut être mesurée que par une unité de même nature.

On appelle donc unité une quantité qui sert à évaluer les quantités de même nature.

Le nombre exprime combien il y a d'unités dans une quantité.

2. Unité fractionnaire. — On a souvent à mesurer des quantités plus petites que l'unité. Supposons qu'il s'agisse de la longueur d'un crayon. Dans ce cas le mètre étant trop grand, on le divise en plusieurs parties égales, en cent par exemple, et c'est la centième partie du mètre qui sert alors d'unité. Si on trouve qu'elle est contenue douze fois dans la longueur du crayon, on dit qu'il a une longueur de douze centièmes de mètre.

Ce nombre de parties dans lesquelles on divise l'unité est tout à fait arbitraire. Ainsi on pourrait diviser le mètre en huit parties égales, et si on trouvait que cette huitième partie est contenue cinq fois dans la longueur d'une baguette, on dirait qu'elle a cinq huitièmes de mètre.

La centième partie du mètre, la huitième partie du mètre sont aussi des unités ; mais on dit que ce sont des *unités fractionnaires*, pour indiquer qu'elles ne sont que des parties de l'unité entière. Douze centièmes de mètre, cinq huitièmes de mètre sont aussi des nombres ; mais on dit que ce sont des *nombres fractionnaires.*

Ainsi l'unité fractionnaire est une partie quelconque de l'unité entière, qui est prise comme unité dans la mesure des quantités.

On forme son nom en ajoutant la terminaison *ième* au nombre qui indique en combien de parties égales on a divisé l'unité entière, pour former cette unité fractionnaire. Cependant la deuxième partie s'appelle habituellement *demie;* la troisième, *tiers;* la quatrième, *quart.* Au delà on dit le *cinquième*, le *sixième*, etc., au lieu de dire la cinquième partie, la sixième partie. Il est évident que l'unité entière vaut deux demies, ou trois tiers, ou quatre quarts, ou cinq cinquièmes, etc.

3. Nombre entier ; nombre fractionnaire. — *On appelle nombre entier celui qui n'exprime que des unités entières, et* *nombre fractionnaire celui qui exprime des unités entières et des unités fractionnaires.*

Si le nombre fractionnaire exprime une grandeur moindre que l'unité entière, on lui donne le nom de *fraction*.

Ainsi douze mètre est un nombre entier ; douze mètres cinq huitièmes de mètre est un nombre fractionnaire ; cinq huitièmes de mètre est une fraction. Sept quarts d'heure est aussi un nombre fractionnaire ; car il contient une heure et trois quarts d'heure.

4. Arithmétique. — Les nombres peuvent être combinés entre eux de diverses manières. On peut par exemple les ajouter ou les retrancher pour en déduire un autre nombre : c'est ce qu'on appelle *calculer*.

L'arithmétique est la science des nombres. Cela signifie que non-seulement elle enseigne les règles du calcul des nombres, mais encore les propriétés dont ils jouissent.

Dans l'étude des nombres, on néglige le nom qui indique la nature des unités, pour ne s'occuper que du nombre même de ces unités. Les nombres ainsi envisagés sont des nombres *abstraits ;* tels sont trois, huit, quinze, etc.

NUMÉRATION DES NOMBRES ENTIERS.

5. Numération parlée. — La suite des nombres n'a pas de limite ; car, quelque grand que soit un nombre, en lui ajoutant une unité on en aura un plus grand, et ainsi de suite.

La numération est l'ensemble des règles d'après lesquelles on peut désigner tous les nombres au moyen de quelques mots, et les écrire au moyen de quelques caractères qu'on appelle *chiffres*.

D'abord tous les enfants qui commencent à étudier l'arithmétique ont déjà appris par l'usage les noms des premiers nombres : *un, deux, trois, quatre, cinq, six, sept, huit, neuf, dix, onze, douze, treize, quatorze, quinze, seize,* etc. Ils savent que *deux* est le nombre obtenu en ajoutant *un* à *un* ; *trois* le nombre obtenu en ajoutant *un* à *deux*, et en général que chaque nombre est égal au précédent augmenté de *un*.

Mais si chaque nombre avait un nom particulier, il serait impossible de les retenir tous. Or, quand un marchand achète, par exemple, une grande quantité d'œufs, en les comptant un à un, il s'arrête à douze ; il en fait un groupe qu'il appelle douzaine, et il continue à chercher combien il a de douzaines, ce qui est plus commode. Au lieu de douzaines, il pourrait compter par dizaines, par huitaines, à volonté. On ne fait pas autre chose dans la numération.

Le système adopté dans l'arithmétique consiste à grouper les unités en en prenant dix à la fois. Ainsi dix unités font une *dizaine*, et on compte par dizaines de même que par unités, en disant : une dizaine, deux dizaines, etc. On regarde la dizaine comme une nouvelle unité, qui est dix fois plus forte que l'unité simple.

On désigne une dizaine par *dix* ; deux dizaines par *vingt* ; trois dizaines par *trente* ; quatre dizaines par *quarante* ; cinq dizaines par *cinquante* ; six dizaines par *soixante* ; sept dizaines par *soixante-dix* ; huit dizaines par *quatre-vingts* ; neuf dizaines par *quatre-vingt-dix*.

Ces mots tirés du latin sont très-faciles à retenir ; mais il est fâcheux que l'usage ait fait une exception bizarre au delà de soixante. Il serait avantageux de remplacer toujours *soixante-dix*, *quatre-vingts* et *quatre-vingt-dix*, par *septante*, *octante* et *nonante*, qui sont quelquefois employés. Lorsqu'un nombre est supérieur à seize, on le désigne en mettant le nom des unités simples qu'il renferme à la suite du nom de ses dizaines, par exemple : *dix-sept* ; *vingt-quatre* ; *septante-cinq*.

Un groupe de dix dizaines forme une nouvelle unité appelée *centaine*. On compte par centaines, en disant : *une centaine*, *deux centaines*, ou mieux *cent*, *deux cents*,... jusqu'à *neuf cents*.

Un groupe de dix centaines forme une nouvelle unité appelée *mille*. On compte par unités de mille en disant : *un mille, deux mille*.... jusqu'à *neuf mille*. *Dix mille* font une nouvelle unité appelée *dizaine de mille*, qui se compte comme les dizaines d'unités simples; on dit *vingt mille* pour deux dizaines de mille; *trente mille* pour trois dizaines de mille, etc. Dix dizaines de mille font une nouvelle unité appelée *centaine de mille*, qui se compte comme les centaines d'unités simples : *cent mille*, *deux cent mille*, etc.

Un groupe de dix centaines de mille forme l'unité de *million ;* il y a ensuite les *dizaines de millions* et les *centaines de millions.* Un groupe de dix centaines de millions forme l'unité de *billion ;* il y a ensuite les *dizaines de billions* et les *centaines de billions.* Le nom de *billion* est remplacé quelquefois par celui de *milliard* dans le langage ordinaire.

6. Ordres d'unités.—En résumant ce qui vient d'être expliqué, on voit que les nombres sont évalués en unités de diverses grandeurs, ou, comme on dit ordinairement, de divers *ordres,* tels qu'*une unité d'un ordre quelconque vaut dix unités de l'ordre qui précède immédiatement.* C'est ce que présente le tableau suivant.

1er ordre.	Unité.
2e ordre.	Dizaine.
3e ordre.	Centaine.
4e ordre.	Unité de mille.
5e ordre.	Dizaine de mille.
6e ordre.	Centaine de mille.
7e ordre.	Unité de million.
8e ordre.	Dizaine de millions.
9e ordre.	Centaine de millions, etc.

On voit encore que ces divers ordres d'unités sont naturellement divisés en groupes de trois. Le premier contient les trois ordres d'unités simples ; le deuxième les trois ordres d'unités de mille ; le troisième les trois ordres d'unités de millions ; le quatrième contiendrait les trois ordres d'unités de billions.

Ces groupes sont ce qu'on appelle les *classes* d'unités principales. Mille fois mille font un million ; mille millions font un billion.

On peut s'arrêter aux billions ; car il est bien rare qu'on ait à s'occuper de nombres plus grands.

Le système de numération qui vient d'être exposé est fondé sur le nombre *dix,* qui lui sert pour ainsi dire de *base :* c'est pour cela qu'on l'appelle système de *numération décimale.*

7. Numération écrite. — Chaque ordre d'unités n'en contient pas plus de neuf; en effet le nombre *douze dizaines*, par exemple, contient dix dizaines qui font une centaine, et deux dizaines. D'après cette remarque, on a représenté les neuf nombres d'unités de chaque ordre par les chiffres

1   2   3   4   5   6   7   8   9

qui signifient : *un, deux, trois, quatre, cinq, six, sept, huit, neuf.*

Ainsi le chiffre 3 servira également à représenter trois unités, ou trois dizaines, ou trois centaines. Mais au lieu d'écrire à la suite de chaque chiffre le nom de l'ordre des unités qu'il exprime, on est convenu que ce nom sera indiqué par le rang que le chiffre occupera dans le nombre. On a donc établi que le chiffre des unités simples sera au premier rang à partir de la droite, le chiffre des dizaines au deuxième, le chiffre des centaines au troisième, le chiffre des unités de mille au quatrième, et en général que le rang d'un chiffre correspondra à l'ordre des unités de ce chiffre.

Soit à écrire le nombre *quarante-deux mille trois cent dix-sept.* Ce nombre contenant 4 dizaines de mille, 2 unités de mille, 3 centaines, 1 dizaine et 7 unités, s'écrira 42317.

Soit *quarante-deux mille dix-sept.* Ce nombre ne renferme pas de centaines ; pour que les chiffres 4 et 2 conservent le cinquième et le quatrième rang, il faut marquer la place des centaines par un signe particulier, qui est 0. On l'appelle *zéro*, et on le regarde aussi comme un dixième chiffre qui n'a d'autre effet que d'occuper une place vide. Le nombre proposé sera donc 42017.

RÈGLE. — *Pour écrire un nombre, on écrit successivement de gauche à droite le chiffre des centaines, le chiffre des dizaines et le chiffre des unités de chaque classe, à partir de la plus forte, en ayant soin de mettre un zéro à la place de chaque ordre où il n'y aurait pas d'unités.*

8. RÈGLE. — *Pour lire un nombre, on le partage d'abord en tranches de trois chiffres, à partir de la droite, de sorte que la* *dernière peut n'avoir qu'un ou deux chiffres. La première tranche représente la classe des unités simples ; la seconde, celle des mille ; la troisième, celle des millions ; la quatrième, celle des billions. On lit ensuite chaque tranche à partir de la gauche, en énonçant après chacune le nom de la classe d'unités qui lui correspond.*

Soit 34 258 069. Ce nombre, divisé en tranches de trois chiffres, se décompose ainsi :

$$54 \text{ millions } 258 \text{ mille } 069 \text{ unités.}$$

On l'énoncera en disant : *trente-quatre millions deux cent cinquante-huit mille soixante-neuf unités.*

9. Changement que subit un nombre entier quand on écrit ou qu'on supprime des zéros à sa droite. — Dans tout nombre, chaque chiffre exprime des unités 10 fois plus faibles que celles du chiffre qui est immédiatement à sa gauche. De là résulte le principe suivant :

Si à la droite d'un nombre entier on met un, deux ou trois zéros, le nombre prend une valeur 10 fois, 100 fois, 1000 fois plus forte. En effet, si on remplace 48 par 4800, les 48 unités du premier nombre deviennent 48 centaines dans le second.

Réciproquement, *si on supprime sur la droite d'un nombre entier un zéro, deux zéros..., le nombre prend une valeur 10 fois, 100 fois... plus faible.*

10. Unités fractionnaires décimales ; nombres décimaux. — Il y a des nombres fractionnaires qui ne diffèrent presque pas des nombres entiers ; il convient par conséquent de ne pas les en séparer. Ce sont ceux qui expriment des *unités fractionnaires décimales.*

Ces unités fractionnaires sont : le *dixième*, le *centième*, le *millième*, le *dix-millième*, le *cent-millième*, le *millionième*, etc. Elles sont dites *décimales*, parce que chacune est la dixième partie de celle qui la précède ; ainsi le centième est la dixième par-

·tie du dixième; le millième, la dixième partie du centième. C'est ce qu'on voit clairement sur un mètre (*fig. 1*), composé de dix règles égales de buis ou de cuivre, attachées deux à deux par

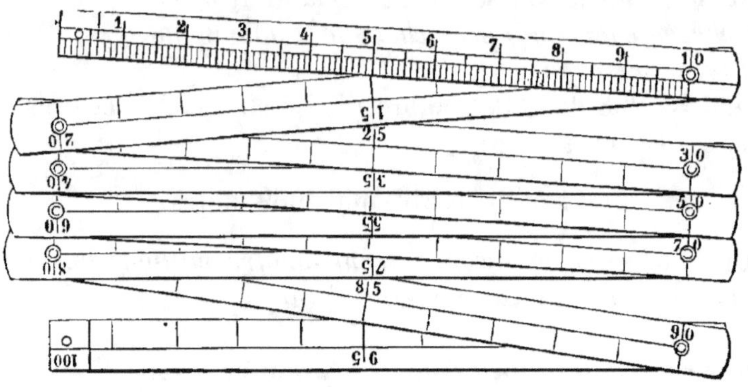

Fig. 1.

leurs extrémités. Ces règles sont les dixièmes du mètre, ou, comme on dit en un seul mot, les *décimètres*; chaque décimètre est divisé par des traits en dix parties égales, qui sont au nombre de cent dans le mètre entier, et qui sont par conséquent les centièmes du mètre ou *centimètres*; enfin chaque centimètre est divisé par des traits fort rapprochés en dix petites parties égales, qui sont au nombre de cent dans le décimètre, et au nombre de mille dans le mètre entier : ce sont les millièmes du mètre ou *millimètres*.

Par ce qui précède, on voit que les unités fractionnaires décimales, ou, comme on dit plus simplement, les unités décimales ne sont que la continuation des ordres d'unités entières, en allant des plus fortes aux plus faibles. Par conséquent un chiffre placé à droite de celui des unités exprimera des dixièmes; un chiffre placé à droite de celui des dixièmes exprimera des centièmes, etc.

On appelle *nombre décimal* un nombre qui contient des unités entières et des unités décimales. On lui donne particulièrement le nom de *fraction décimale*, quand il ne contient pas d'unités entières.

11. RÈGLE. — *Pour écrire un nombre décimal, on écrit d'abord la partie qui contient les unités entières, et à la suite la* *partie décimale en plaçant le chiffre des dixièmes au premier rang à droite de celui des unités, le chiffre des centièmes au deuxième rang, le chiffre des millièmes au troisième rang, et ainsi de suite. On met une virgule entre le chiffre des unités simples et celui des dixièmes, afin de distinguer nettement la partie entière du nombre de sa partie décimale.*

S'il n'y a pas d'unités entières dans le nombre décimal, on met un zéro à gauche de la virgule. On en met aussi un à la place de chaque unité décimale qui manquerait dans le nombre décimal.

Ainsi le nombre quarante-deux unités trois dixièmes cinq centièmes huit millièmes s'écrira 42,358.

Le nombre six dixièmes neuf millièmes s'écrira 0,609.

Le plus souvent, dans l'énoncé d'un nombre décimal, au lieu d'indiquer séparément le nombre de dixièmes, le nombre de centièmes, le nombre de millièmes, etc., on énonce la fraction décimale comme un seul nombre à la suite duquel on met le nom de la dernière unité décimale. Ainsi, pour les deux nombres précédents, on aurait dit : quarante-deux unités trois cent cinquante-huit millièmes, et six cent neuf millièmes. Il n'en résulte pas plus de difficulté pour écrire le nombre décimal ; il suffit de le décomposer en dixièmes, en centièmes ou millièmes, etc.

Mais le moyen le plus commode consiste à *écrire à droite de la virgule le nombre décimal donné, comme si c'était un nombre entier, de manière que son dernier chiffre soit au rang indiqué par le nom des unités décimales qu'il exprime.* Soit le nombre trois unités vingt-six dix-millièmes. Le chiffre des dix-millièmes occupant le quatrième rang à droite de la virgule, on écrira 3,0026.

Les chiffres qui sont à droite de la virgule sont appelés *chiffres décimaux.*

12. RÈGLE. — *Pour lire un nombre décimal, on lit d'abord la partie entière, puis la partie décimale, en énonçant le nombre de dixièmes, le nombre de centièmes, etc., ou bien en lisant la partie décimale comme un nombre entier, auquel on ajoute le nom des unités décimales du dernier chiffre.*

Par exemple, le nombre 62,70804 se lira :

62 unités 7 dixièmes 8 millièmes 4 cent-millièmes,
ou 62 unités 70804 cent-millièmes,
ou 62 unités 708 millièmes 4 cent-millièmes.

On pourrait même négliger la virgule et énoncer le nombre proposé comme si c'était un nombre entier exprimant des cent-millièmes, au lieu d'exprimer des unités entières.

On dira alors : 6270804 cent-millièmes,
c'est-à-dire 6 millions 270 mille 804 cent-millièmes.

De cette manière, on fera entrer les nombres décimaux dans les calculs comme de véritables nombres entiers, en se rappelant que la virgule n'est qu'un signe indiquant le nom qu'il faut donner aux unités du dernier chiffre à droite.

13. Principes. — On a vu (n° 9) qu'un nombre entier prend une valeur 10 fois, 100 fois... plus grande quand on met un zéro, deux zéros... sur sa droite ; il n'en est pas de même pour un nombre décimal.

1° *Un nombre décimal ne change pas de valeur, lorsqu'on écrit ou qu'on supprime un ou plusieurs zéros sur sa droite.*

Par exemple, si on remplace 5,2 par 5,20, la partie entière, c'est-à-dire celle qui est à gauche de la virgule, ne change pas et contient toujours 5 unités. Dans la partie décimale, il y a 20 centièmes au lieu de 2 dixièmes, ce qui est la même chose, puisque 1 dixième vaut 10 centièmes.

On peut observer encore que le nombre des unités décimales, qui était 2, est devenu 10 fois plus fort ; mais, en même temps, l'unité décimale, qui était le dixième, a été remplacée par le centième, qui est dix fois plus faible.

2° *Pour rendre un nombre décimal 10 fois, 100 fois... plus fort, on avance la virgule à droite d'un chiffre pour 10, de deux chiffres pour 100..., etc.*

Soit 24,356. En avançant la virgule de deux chiffres, on obtient 2435,6 qui vaut 100 fois 24,356. En effet, le chiffre 6, qui exprimait des millièmes, exprime dans l'autre nombre des dixièmes, et par conséquent a pris une valeur 100 fois plus grande. De même, chacun des autres chiffres prend une valeur cent fois plus grande.

Réciproquement, *on rend un nombre décimal 10 fois, 100 fois... plus faible, en reculant la virgule à gauche d'un chiffre pour 10, de deux chiffres pour 100, etc.*

S'il n'y avait pas assez de chiffres à gauche, on y suppléerait par des zéros. Par exemple, si l'on cherche un nombre 100 fois plus faible que 2,6, on trouve 0,026 ou 26 millièmes.

La même chose peut s'appliquer à un nombre entier, parce qu'on peut toujours y supposer une virgule à droite du chiffre des unités. Ainsi, pour rendre le nombre 238 cent fois plus faible, il suffit de mettre une virgule entre 2 et 3, ce qui donne 2,38 ou 238 centièmes.

UNITÉS USUELLES.

14. Avant d'exposer les opérations de l'arithmétique, il est utile de dire quelques mots des unités qui sont le plus fréquemment employées, afin que les élèves comprennent clairement les problèmes que nous aurons l'occasion de prendre pour exemples.

Mesures de longueur. — On a déjà dit (n° 1) que le *mètre* est l'unité de longueur, et que le dixième, le centième et le millième du mètre s'appellent *décimètre, centimètre* et *millimètre*. Quand il s'agit de longueurs considérables, comme de la distance d'une ville à une autre, on se sert d'une unité plus grande qui contient 1000 mètres ; on l'appelle *kilomètre*, du mot grec *kilo*, qui signifie mille.

Unités de monnaie. — On a dit aussi que l'unité de monnaie est le *franc*, et que le dixième et le centième du franc s'appellent *décime* et *centime*.

Mesures de poids. — Le poids d'un objet assez léger est évalué en *grammes*. Le poids appelé *gramme* est le même que celui de la pièce de cuivre de 1 centime.

Le dixième, le centième et le millième du gramme s'appellent *décigramme, centigramme* et *milligramme*. Les pharmaciens les emploient fréquemment pour peser des substances qui doivent être prises en très-petite quantité.

L'unité de poids employée ordinairement pour les objets d'un usage fréquent, comme le pain, la viande, se compose de 1000 grammes et s'appelle *kilogramme*. Ce poids est égal à celui de 40 pièces de 5 francs en argent.

Pour les poids considérables, on emploie le *quintal*, qui pèse 100 kilogrammes.

Mesures de capacité. — Les quantités d'eau, de vin, d'huile contenues dans un bassin, un tonneau, sont évaluées en *litres*. Parmi les bouteilles ordinaires destinées à renfermer du vin, les plus grandes ont une capacité d'un litre à peu près.

Le dixième et le centième du litre s'appellent *décilitre* et *centilitre*.

Pour les contenances très-grandes, l'unité ordinaire se compose de 100 litres, et s'appelle *hectolitre*, du mot grec *hecto*, qui signifie cent.

On emploie aussi une contenance de dix litres, qui s'appelle *décalitre*. Ce nom est formé du mot grec *déca*, qui signifie dix.

Mesures de temps. — Le temps est évalué en *heures*. Mais les unités fractionnaires de l'heure ne sont pas décimales, c'est-à-dire ne sont pas des dixièmes, des centièmes, des millièmes d'heure.

L'heure se divise en 60 *minutes*, et la minute en 60 *secondes*. Une autre unité de temps est le *jour*, qui se divise en 24 heures.

On évalue aussi le temps en *années*, *mois* et *semaines*.

L'année ordinaire se compose de 365 jours; mais tous les quatre ans elle en a 366, excepté trois fois tous les quatre cents ans. L'année de 366 jours est appelée année *bissextile*.

L'année contient 12 mois. Les mois n'ont pas tous le même nombre de jours; les uns en ont 30 et les autres 31. Il y en a un (février) qui n'en a que 28, et qui en prend 29 dans les années bissextiles.

La semaine est une période de 7 jours.

15. Opérations de l'arithmétique. — Dans l'arithmétique il y a quatre manières de combiner les nombres entre eux : ce sont les quatre opérations qui s'appellent *addition*, *soustraction*, *multiplication* et *division*.

CHAPITRE II

ADDITION

DES NOMBRES ENTIERS ET DÉCIMAUX.

16. Définition. — *L'addition est une opération par laquelle on cherche un nombre équivalent à plusieurs autres nombres.*

Le résultat est appelé *somme* ou *total*.

Par exemple un homme ayant gagné 12 francs dans une semaine, 8 francs dans la suivante et 6 francs dans la troisième, si l'on veut savoir quelle est la somme qu'il a ainsi retirée, il faut additionner 12 avec 8 et 6. Quand les nombres à additionner sont peu considérables, comme dans ce cas, les élèves savent presque tous faire cette petite opération, sans avoir besoin de rien écrire. L'usage leur a appris que 8 ajouté à 12 donne 20, et que 6 ajouté à 20 donne 26.

Si un élève n'est pas encore habitué à ces petits calculs, au lieu d'ajouter à 12 les 8 unités à la fois, il les ajoutera une à une, en se servant de ses doigts pour compter. Il dira 13 en ouvrant le pouce; 14, le deuxième doigt; 15, le troisième; 16, le quatrième; 17, le cinquième; 18, le pouce de l'autre main; 19, le deuxième doigt; et 20, le troisième. Les huit doigts ouverts lui montrent qu'il a ajouté 8 unités à 12, ce qui lui a donné 20.

En s'exerçant ainsi, il arrivera bientôt à calculer rapidement, sans être obligé de recourir à ce moyen.

17. Signes d'addition et d'égalité. — Lorsqu'on veut indiquer d'une manière abrégée que deux ou plusieurs nombres doivent être additionnés ensemble, on les écrit les uns à la suite des autres, en les séparant par ce signe $+$ qui remplace le mot *plus*. Ainsi on indiquera la somme des trois nombres de l'exemple précédent en écrivant $12 + 8 + 6$.

Si on veut de plus exprimer que cette somme est égale à 26, on met 26 à la suite, en le séparant de ce qui précède par ce signe $=$ qui veut dire *égale*. On a de cette manière $12 + 8 + 6 = 26$. On lit en disant : 12 plus 8 plus 6 égalent 26. Cette expression s'appelle une *égalité*.

18. Règle. — *Pour additionner des nombres entiers ou décimaux, on les écrit les uns sous les autres, de manière que les unités de même ordre soient dans une même colonne, et sous le dernier on tire un trait de gauche à droite. Puis en commençant à droite, on ajoute les unes aux autres toutes les unités contenues dans la première colonne. Si le résultat de cette première addition ne surpasse pas 9, on l'écrit au-dessous du trait, dans cette colonne; s'il surpasse 9, on écrit seulement les unités qu'il renferme, et on retient les dizaines, qui sont des unités de la deuxième colonne. On additionne ensuite ces unités retenues avec celles de la deuxième colonne. Si le résultat de cette deuxième addition ne surpasse pas 9, on l'écrit sous le trait, dans la deuxième colonne; s'il surpasse 9 on écrit seulement les unités de ce résultat, et on retient les dizaines, qui sont des unités de la troisième colonne, pour les ajouter à celles de cette colonne. On continue ainsi jusqu'à la dernière, dont on écrit le résultat tel qu'on le trouve.*

Exemple. — *Un marchand a acheté trois chargements de blé. Le premier se compose de 879 kilogrammes 62 centièmes; le second de 635 kilogrammes 83 centièmes; le troisième, de 588 kilogrammes. Quel est le poids total qui a été acheté ?*

$$
\begin{array}{r}
8\ 7\ 9,6\ 2 \\
6\ 3\ 5,8\ 3 \\
5\ 8\ 8,0\ 0 \\
\hline
2\ 1\ 0\ 3,4\ 5
\end{array}
$$

Après avoir disposé les trois nombres d'après la règle, on dit : 2 centièmes et 3 font 5; j'écris 5 centièmes sous le trait. —

6 dixièmes et 8 font 14 dixièmes ; j'écris 4 dixièmes, et je retiens 1 unité. — 1 et 9 font 10, et 5 font 15, et 8 font 23 unités ; j'écris 3 unités et je retiens 2 dizaines. — 2 et 7 font 9, et 3 font 12, et 8 font 20 dizaines, j'écris 0 pour les dizaines, et je retiens 2 centaines. — 2 et 8 font 10, et 6 font 16, et 5 font 21 centaines ; j'écris 21.

Le poids total est 2105 kilogrammes et 45 centièmes.

Il n'y a aucune difficulté à voir que le nombre ainsi obtenu est bien la somme des trois nombres donnés ; car il est formé de la réunion de tous les centièmes, de tous les dixièmes, de toutes les unités, etc.

19. Pourquoi on commence l'addition à droite. — On peut se demander pourquoi on commence l'addition par la droite, quoiqu'on lise et qu'on écrive habituellement à partir de la gauche. Pour le comprendre, essayons de refaire l'addition précédente, en commençant en sens inverse.

8 et 6 font 14, et 5 font 19 centaines. — 7 et 3 font 10, et 8 font 18 dizaines, ou 1 centaine et 8 dizaines. Il faut donc ajouter 1 centaine de plus aux 19 déjà obtenues, ce qui donne pour la somme des deux premières colonnes à gauche 208 dizaines. On voit sans aller plus loin que *si on commençait l'addition à gauche, on serait obligé d'effacer un chiffre déjà écrit à la somme, pour l'augmenter des unités du même ordre qui se trouvent dans la somme de la colonne suivante, lorsque cette somme surpasse 9.*

20. Preuve. — Lorsqu'une opération est terminée, il est possible qu'une erreur ait été commise. Or, si l'on répète l'opération dans le même ordre, il arrive quelquefois que la même faute se répète aussi, et qu'on retrouve le même résultat qu'auparavant.

Pour éviter cette chance d'erreur, il faut procéder autrement : c'est ce qu'on appelle faire la *preuve* de l'opération.

Pour faire la preuve de l'addition, on recommence l'addition de bas en haut, si on l'a faite d'abord de haut en bas, et on doit retrouver la même somme.

CHAPITRE III

SOUSTRACTION

DES NOMBRES ENTIERS ET DÉCIMAUX.

21. Définition. — *La soustraction est une opération par laquelle on retranche un nombre d'un autre nombre plus grand.*

Le résultat s'appelle *reste*. Il indique la *différence* des deux nombres, et l'*excès* du plus grand sur le plus petit.

Par exemple, un homme qui devait 26 francs paye un à-compte de 7 francs. Pour savoir ce qu'il redoit, il faut ôter des 26 francs qu'il devait les 7 francs qu'il ne doit plus, et par conséquent soustraire 7 de 26.

Si l'élève n'est pas encore assez exercé pour retrancher 7 unités à la fois de 26, il pourra les ôter une à une, en comptant avec ses doigts chaque unité qu'il retranchera successivement. Ainsi en ouvrant le pouce il dira 25 ; en ouvrant le second doigt, 24 ; et ainsi de suite jusqu'à ce qu'il ait ouvert sept doigts : il trouve ainsi 19.

22. Signe de soustraction. — Lorsqu'on veut indiquer d'une manière abrégée que deux nombres doivent être retranchés l'un de l'autre, on écrit le plus petit à la suite du plus grand, en les séparant par ce signe —, qui remplace le mot *moins*. Ainsi pour la soustraction de l'exemple précédent on écrira 26 — 7. Si on veut indiquer que le reste est égal à 19, on écrit l'égalité 26 — 7 = 19, qui se lit ainsi : 26 moins 7 égale 19.

23. Règle. — *Pour retrancher deux nombres entiers ou déci-*

maux l'un de l'autre, on écrit le plus petit sous le plus grand, de manière que les unités de même ordre soient dans la même colonne, et sous le second on tire un trait de gauche à droite. Puis en commençant à droite, on retranche chaque chiffre du nombre inférieur du chiffre qui est placé au-dessus de lui dans le nombre supérieur, et on écrit chaque reste au-dessous du trait, dans la colonne à laquelle il correspond.

Lorsqu'un chiffre du nombre supérieur est plus petit que le chiffre correspondant du nombre inférieur, on augmente de 10 le chiffre trop faible, afin de pouvoir opérer la soustraction; mais en faisant la soustraction dans la colonne suivante, on doit augmenter de 1 le chiffre du nombre inférieur.

S'il y a plus de chiffres décimaux dans le nombre inférieur que dans le nombre supérieur, il faut avant de commencer l'opération écrire sur la droite de ce dernier nombre assez de zéros pour qu'il y ait autant de chiffres décimaux d'un côté que de l'autre.

EXEMPLES. — 1° *Un homme qui avait 846 francs a dépensé 123 francs : que lui reste-il?*

Il s'agit de retrancher 123 de 846. Après avoir disposé les deux nombres conformément à la règle, on dit :

3 ôté de 6, il reste 3 unités.—2 ôté de 4, il reste 2 dizaines. — 1 ôté de 8, il reste 7 centaines.

$$\begin{array}{r} 846 \\ 123 \\ \hline 723 \end{array}$$

Il lui reste 723 francs.

On comprend sans peine que le nombre ainsi obtenu est bien le nombre demandé ; car on a ôté les unités, les dizaines et les centaines du nombre inférieur des unités, des dizaines et des centaines du nombre supérieur.

2° *D'un ruban de 8 mètres 19 centimètres on a retranché une longueur de 5 mètres 462 millimètres : quelle est la longueur du reste?*

Pour retrancher 5,462 de 8,19, on dispose d'abord les deux nombres d'après la règle, en mettant un zéro à la droite du premier pour qu'il exprime des millimètres comme le second.

Ne pouvant pas ôter 2 millimètres de 0, on aug-   8, 1 9 0
mente le 0 de 10, et on dit : 2 ôté de 10, il reste 8   5, 4 6 2
millièmes. — Le nombre supérieur ayant été   2, 7 2 8
augmenté de 10 millièmes, ou ce qui est la même chose de 1 cen-
tième, on augmente aussi le nombre inférieur de 1 centième, ce
qui en fait 7 au lieu de 6 ; 7 ôté de 9, il reste 2 centièmes. —
On ne peut ôter 4 dixièmes de 1 dixième ; on augmente 1 de 10 ce
qui fait 11 ; 4 ôté de 11, il reste 7 dixièmes. — Le nombre supé-
rieur ayant été augmenté de 10 dixièmes, c'est-à-dire de 1 unité,
on augmente le nombre inférieur de 1 unité, ce qui en fait 6 ; 6 ôté
de 8, il reste 2.

Il reste du ruban 2 mètres 728 millimètres.

Dans cette opération, les deux nombres ont été augmentés de la
même valeur, une première fois de 10 millièmes ou 1 centième,
une seconde fois de 10 dixièmes ou 1 unité. Cela n'altère pas le
résultat de la soustraction ; car la différence de deux nombres ne
change pas, quand on les augmente tous deux de la même
quantité.

24. Pourquoi on commence à droite. — Il est facile de
comprendre pourquoi il faut commencer la soustraction par la
droite. En commençant à gauche on serait obligé de revenir sur la
soustraction faite dans une colonne, si le chiffre suivant du
nombre inférieur était plus fort que le chiffre correspondant du
nombre supérieur.

25. Preuve. — La preuve de la soustraction se fait en addi-
tionnant le reste avec le plus petit des deux nombres. La somme
obtenue doit être égale au plus grand.

On peut aussi la faire par une autre soustraction, en retran-
chant le reste du plus grand nombre ; on doit retrouver le plus
petit.

26. Autre méthode de soustraction. — On peut aussi
effectuer la soustraction sans faire aucune augmentation aux deux
nombres.

Reprenons le deuxième exemple du numéro 23. Comme il n'y a
pas de millièmes au nombre supérieur, on prend sur les 9 cen-

tièmes 1 centième qui vaut 10 millièmes ; on retranche alors 2 de 10, ce qui donne 8 millièmes, et 6 de 8, ce qui donne 2 centièmes. De même on prend sur les 8 unités 1 unité qui vaut 10 dixièmes ; on retranche alors 4 de 11, ce qui donne 7 dixièmes, et 5 de 7, ce qui donne 2 unités.

Soit encore 12,47 à soustraire de 60,03.

D'abord on ne peut pas retrancher 7 centièmes de 3 centièmes. Comme il n'y a ni dixièmes, ni unités dans le nombre supérieur, il faut prendre sur les 6 dizaines 1 dizaine qui vaut 10 unités et on laisse 9 de ces unités à la place du zéro des unités. L'autre unité vaut 10 dixièmes ; on en laisse 9 à la place du zéro des dixièmes, et l'autre dixième vaut 10 centièmes qui, ajoutés aux 3 centièmes, font 13 centièmes. Le nombre supérieur se trouve ainsi remplacé par le nombre équivalent 59 unités 9 dixièmes 13 centièmes. On opère alors la soustraction, ce qui donne le reste 47,56.

$$\begin{array}{r} 6\ 0\,,\,0\ 3 \\ 1\ 2\,,\,4\ 7 \\ \hline 4\ 7\,,\,5\ 6 \end{array}$$

De ce qui précède résulte cette autre règle : *Lorsqu'un chiffre du nombre supérieur est trop faible, pour faire la soustraction on l'augmente de 10, en ayant soin de diminuer de 1 le premier chiffre significatif à gauche, et de remplacer par 9 chacun des zéros qui pourraient se trouver entre ces deux chiffres.*

Observation sur les deux méthodes. — Des deux méthodes qu'on vient d'indiquer, la première est la plus fréquemment employée, parce qu'elle est d'un grand avantage dans la division, comme on le verra plus loin.

La seconde est très-utile quand il s'agit de retrancher un nombre contenant plusieurs chiffres d'un nombre formé du chiffre 1 suivi de plusieurs zéros, par exemple, 2,358 de 10. D'après la règle on aura à retrancher 2,358 de 9 unités 9 dizaines 9 centaines 10 millièmes, ce qui revient à soustraire chaque chiffre du nombre inférieur de 9, en allant de gauche à droite, et le dernier de 10. Cela permet d'énoncer le résultat sans aucun calcul pour ainsi dire.

27. Calcul mental. — Pour expliquer l'addition et la soustraction, on a pris certains exemples où les nombres étaient assez faibles pour qu'il fût facile de connaître le résultat sans rien écrire : c'est là ce qu'on appelle *calcul mental*. Il est très-important de s'y exercer ; car il serait peu convenable pour celui qui a étudié l'arithmétique, d'être sous ce rapport moins habile qu'un homme qui, sans savoir lire ni écrire, parvient cependant à connaître le prix d'une marchandise qu'il a achetée ou vendue. Il n'y a pas de règles particulières pour ce calcul ; on ne fait que suivre les règles ordinaires, en se guidant sur le bon sens pour combiner les nombres entre eux, de manière à fatiguer le moins possible la mémoire. Nous nous bornerons donc à donner quelques exemples.

Additionner 26 *avec* 45. — On observe que 40 et 20 font 60, que 5 et 6 font 11, et on trouve ainsi 71.

Additionner 26 *avec* 49. — Dans ce cas il est plus simple d'ajouter 50 à 26, ce qui donne 76, et d'ôter 1 au résultat, ce qui fait 75.

Additionner 58 *avec* 421. — On ajoute 60 à 421, ce qui donne 481, et on ôte 2. On a ainsi 479.

Retrancher 24 *de* 59. — On ôte 24 de 60. Or 20 ôté de 60 donne 40 ; 4 ôté de 40 donne 36. On retranche encore 1 à 36, parce qu'on avait pris 60 au lieu de 59, et on trouve 35.

Retrancher 29 *de* 165. — On retranche 30 de 165, ce qui donne 135 ; on augmente de 1 le résultat, ce qui fait 136.

Retrancher 358 *millimètres de* 1 *mètre*. — D'après le n° 26, on retranche chaque chiffre de 9, en allant de gauche à droite, et le dernier de 10. On trouve ainsi 642 millimètres.

PROBLÈMES.

1. Un homme qui possède une maison à la ville et un domaine, a payé pour acquitter les impôts 36^{fr},48 pour la maison, et 247^{fr},35 pour le domaine. Quelle est la somme qu'il a donnée au percepteur ?

2. Un cultivateur conduit au marché une voiture contenant 1854 kilogrammes de froment, 2347 kilogrammes de seigle, et 1263 kilogrammes de pommes de terre. Quel est le poids total de ce chargement ?

3. Par le chemin de fer il y a de Lyon à Mâcon 72 kilomètres ; de Mâcon à Dijon 120 kilomètres ; de Dijon à Montereau 236 kilomètres, et de Montereau à Paris 79 kilomètres. Calculer la distance de Lyon à Paris.

4. Un voyageur qui est allé de Lyon à Marseille par le chemin de fer, s'est arrêté à Vienne, à Valence, à Avignon et à Arles. Il a payé en 3e classe de Lyon à Vienne 1^{fr},90 ; de Vienne à Valence 4^{fr},55 ; de Valence à Avignon 7^{fr},70 ; d'Avignon à Arles 2^{fr},15 ; d'Arles à Marseille 5^{fr},40. A combien s'élève le prix du voyage de Lyon à Marseille ?

5. La population du département de la Savoie est de 275000 habitants ; celle du département de la Haute-Savoie de 267500 habitants ; celle du département des Alpes-Maritimes de 194500 habitants. De combien la population de la France s'est-elle augmentée par l'annexion de ces trois départements ?

6. Un vigneron a récolté sur une première vigne 37 hectolitres de vin qu'il a vendus 129^{fr} ; sur une deuxième 56 hectolitres qu'il a vendus 1568^{fr}, et sur une troisième 42 hectolitres qu'il a vendus 1344^{fr}. Chercher le nombre total d'hectolitres, et la somme qu'il a retirée.

7. Un marchand a reçu quatre pièces de drap qui coûtent, la première 512^{fr},65 ; la seconde 246^{fr},38 ; la troisième 237^{fr},85 ; la quatrième 182^{fr},74. A combien s'élève la somme qu'il doit payer ?

8. Un homme a gagné 2^{fr},45 le premier jour de la semaine ; 2^{fr},64 le second jour ; 3^{fr},12 le troisième jour ; 3^{fr},25 le quatrième jour ; 3^{fr},35 le cinquième jour, et 2^{fr},95 le sixième jour. Chercher le gain total de la semaine.

9. Un père a trois fils en pension. Pour l'aîné il a payé au bout de l'année 738^{fr},65 ; pour le second 614^{fr},36 ; pour le troisième 524^{fr},84. Chercher la dépense totale.

10. Un marchand avait dans son magasin 647 quintaux de fer; au bout d'un mois il ne lui reste plus que 128 quintaux. Combien en a-t-il vendu ?

11. En Angleterre on se sert d'une mesure de longueur nommée *yard* qui a 914 millimètres. De combien est-elle plus petite que le mètre ?

12. Un train parti de Bordeaux à 6 heures 5 minutes du matin est arrivé à Bayonne à 1 heure 12 minutes. Combien a-t-il mis de temps pour ce voyage ?

13. Une domestique avait reçu une pièce de 10 francs pour faire quelques emplettes. Elle a acheté des bougies pour 5^{fr},75 ; du sucre pour 4^{fr},65 ; de l'huile pour 3^{fr},45. Quelle somme doit-elle rapporter ?

14. La population du département de la Seine est actuellement de 1955600 habitants ; celle de Paris est de 1696100 habitants. Quelle est la population du reste du département ?

15. La population de Paris surpasse de 1377300 habitants celle de Lyon, et celle-ci surpasse de 57900 habitants celle de Marseille. Chercher la population de ces deux dernières villes ?

16. Un ménage a acheté pendant la première semaine du mois 25^{ker},450^{gr} de pain (*) ; pendant la deuxième 21^{ker},325^{gr} ; pendant la troisième 19^{ker},640^{gr}. On en a donné 9^{ker},500^{gr} aux pauvres. Quelle est la quantité de pain consommée dans le ménage pendant ces trois semaines ?

17. Un homme a reçu un jour 485^{fr},25 et le lendemain 376^{fr},40. Il paye alors deux dettes, l'une de 169^{fr},55 et l'autre de 298^{fr},62. Que lui reste-t-il encore ?

18. Un propriétaire a vendu deux chevaux, l'un au prix de 855^{fr} et l'autre au prix de 743^{fr}. Il achète ensuite deux bœufs coûtant, l'un 556^{fr} et l'autre 68^{fr} de plus que le premier. Il dépense encore pour divers frais une somme de 42^{fr},65. Que lui reste-t-il sur le prix des chevaux ?

19. Un homme a fait réparer une maison. On a dépensé 82^{fr},65 pour les vernis ; 124^{fr},25 pour les papiers ; 248^{fr},35 pour les plafonds, et 68^{fr},75 pour la serrurerie et la menuiserie. Que redoit-il encore, lorsqu'il a donné un à-compte de 258 francs ?

20. Un corps d'armée comptait 20000 hommes. Il a perdu 1456 hommes tués, 284 faits prisonniers ; 237 morts de maladie. A combien d'hommes est-il actuellement réduit ?

(*) ^{ker} désigne kilogramme ; ^{gr} désigne gramme.

CHAPITRE IV

MULTIPLICATION

—

MULTIPLICATION PAR UN NOMBRE ENTIER.

28. Définition. — *La multiplication d'un nombre par un autre est une opération par laquelle on cherche un troisième nombre qui vaut autant de fois le premier que le second contient d'unités.*

Le premier nombre, celui qui doit être multiplié, s'appelle *multiplicande;* le second, *multiplicateur;* et le résultat, *produit.* Le multiplicande et le multiplicateur portent aussi le nom de *facteurs.*

Nous ne considérons d'abord la multiplication que dans le cas où le multiplicateur est un nombre entier, le multiplicande pouvant être indifféremment un nombre entier ou un nombre décimal (*).

Supposons, par exemple, qu'on ait acheté 6 mètres d'étoffe au prix de 23 francs 84 centimes le mètre. La somme à payer sera égale à 6 fois 23^{fr},84, ou 6 fois 2384 centimes. Pour la connaître, il faudra multiplier 2384 centimes par 6.

Il est évident qu'on trouverait cette somme en additionnant six nombres égaux à 23^{fr},84. Mais si au lieu de 6 mètres on en avait acheté 600, l'addition serait trop longue; la multiplication est donc une véritable addition abrégée.

$$
\begin{array}{r}
23,84 \\
23,84 \\
23,84 \\
23,84 \\
23,84 \\
23,84 \\
\hline
143,04
\end{array}
$$

* On verra plus loin (n° 41) quelle idée il faut se faire de la multiplication, quand le multiplicateur est un nombre décimal.

29. Signe de multiplication. — Pour indiquer que deux nombres doivent être multipliés entre eux, on écrit le multiplicateur à la suite du multiplicande, en les séparant par ce signe $\times$, qui veut dire *multiplié par*. La multiplication de l'exemple précédent sera ainsi indiquée : $23,84 \times 6$.

Comme l'addition donne pour produit 143,04, on aura $23,84 \times 6 = 143,04$.

Quelquefois le signe $\times$ est remplacé par un point : $23,84 \cdot 6 = 143,04$.

30. Multiplication de deux facteurs d'un seul chiffre. — Pour trouver les produits de deux nombres d'un seul chiffre, il faut nécessairement recourir à l'addition. Ainsi, pour avoir le produit de 6 par 4, on fait l'addition de quatre nombres égaux à 6, ce qui donne 24. Il est nécessaire de savoir tous ces produits par cœur pour effectuer la multiplication de deux nombres quelconques. Ils sont tous renfermés dans la table suivante.

1	2	3	4	5	6	7	8	9
2	4	6	8	10	12	14	16	18
3	6	9	12	15	18	21	24	27
4	8	12	16	20	24	28	32	36
5	10	15	20	25	30	35	40	45
6	12	18	24	30	36	42	48	54
7	14	21	28	35	42	49	56	63
8	16	24	32	40	48	56	64	72
9	18	27	36	45	54	63	72	81

Pour construire cette table, on écrit les neuf premiers nombres sur une ligne ; on ajoute ensuite chaque nombre à lui-même, et on écrit les résultats au-dessous des nombres correspondants sur une deuxième ligne. Les nombres de cette ligne sont les produits des nombres de la première multipliés par 2.

On ajoute ensuite les nombres de la première ligne aux nombres correspondants de la seconde ; les résultats écrits sur une troisième ligne sont les produits des nombres de la première multipliés par 3.

On obtient la quatrième ligne, en ajoutant aux nombres de la troisième les nombres correspondants de la première ; les nombres de la quatrième ligne sont les produits des nombres de la première multipliés par 4. On continue ensuite de la même manière en ajoutant toujours aux nombres de la dernière ligne les nombres correspondants de la première.

Pour trouver dans cette table le produit de deux facteurs d'un seul chiffre, on prend un de ces facteurs dans la première ligne et l'autre facteur dans la première colonne à gauche ; le nombre de la table qui se trouve à la fois dans la colonne qui commence en haut par le premier, et dans la ligne qui commence à gauche par le second est le produit cherché. Par exemple, le produit de 6 multiplié par 8 est 48.

31. Multiplication d'un nombre de plusieurs chiffres par un nombre d'un seul chiffre. — Reprenons l'exemple du n° 28, celui où il s'agit de trouver un nombre égal à 6 fois 23^{fr},84, c'est-à-dire de multiplier 23,84 par 6. On aura évidemment le produit en prenant 6 fois les 4 centièmes, 6 fois les 8 dixièmes, 6 fois les 3 unités, 6 fois les 2 dizaines, et en additionnant ces divers produits. Comme ils ne sont pas considérables, on peut les additionner, sans les écrire séparé-

<table>
<tr><td>ment, de la manière suivante :</td><td align="right">2 3 , 8 4</td></tr>
<tr><td>6 fois 4 font 24 centièmes ; j'écris 4 cen-</td><td align="right">6</td></tr>
<tr><td>tièmes, et je retiens 2 dixièmes. — 6 fois 8 font</td><td align="right">1 4 3 , 0 4</td></tr>
</table>

48 dixièmes et 2 qui ont été retenus font 50 dixièmes ou 5 unités ; j'écris 0 pour les dixièmes, et je retiens 5 unités. — 6 fois 3 font 18 unités et 5 qui ont été retenues ont 23 unités ; j'écris 3 unités, et je retiens 2 dizaines. — 6 fois

2 font 12 dizaines et 2 qui ont été retenues font 14 ; j'écris 14. Le produit est 143,04, c'est-à-dire 145 francs 4 centimes.

De ce qui précède, résulte la règle suivante :

RÈGLE. — *Pour multiplier un nombre entier ou décimal par un nombre entier d'un seul chiffre, on multiplie chaque chiffre du multiplicande à partir de la droite par le chiffre du multiplicateur, et on écrit chaque produit dans l'ordre des chiffres du multiplicande, lorsque ce produit ne surpasse pas 9. Lorsqu'un de ces produits est plus grand que 9, on écrit seulement les unités de l'ordre qu'il exprime, et on retient les unités de l'ordre supérieur, pour les ajouter à celles du produit suivant.*

Quand le multiplicande est un nombre décimal, on conserve la virgule dans le produit au même rang que dans le multiplicande, ou, comme on dit ordinairement, *on sépare par une virgule sur la droite du produit autant de chiffres décimaux qu'il y en a au multiplicande.*

32. REMARQUES. — 1° La multiplication qui vient d'être faite n'étant qu'une addition de plusieurs nombres égaux au multiplicande, le motif qui oblige à commencer l'addition par la droite (n° 19) subsiste aussi pour la multiplication.

2° Dans l'exemple précédent, le produit étant égal à 6 fois 25 francs 84 centimes exprime aussi des francs et des centimes. Quant au nombre 6 mètres, il n'est plus dans l'opération que le *nombre de fois* que le produit doit contenir le multiplicande ; il devient un *nombre abstrait.* Par conséquent les élèves doivent éviter de dire qu'il faut multiplier 25 francs 84 centimes par 6 mètres, comme ils le font habituellement, mais bien 25 francs 84 centimes par 6.

33. Multiplication par un nombre composé d'un chiffre significatif suivi d'un ou plusieurs zéros. — On a déjà vu (n° 9) que, pour multiplier un nombre entier par 10, 100, 1000, etc., il suffit d'écrire sur sa droite un zéro pour 10, deux zéros pour 100, etc., et (n° 15) que, pour multiplier un nombre décimal par 10, 100, 1000, etc., il suffit d'avancer la virgule à droite d'un chiffre pour 10, de deux chiffres pour 100, etc.

Règle. — Lorsque le multiplicateur est formé d'un chiffre autre que 1 suivi d'un ou de plusieurs zéros, on multiplie le multiplicande par ce chiffre, et on met à la droite du produit autant de zéros qu'il y en a sur la droite du multiplicateur.

Si le multiplicande est un nombre décimal, on doit en outre placer la virgule au produit, de manière qu'il y ait sur sa droite autant de chiffres décimaux qu'au multiplicande.

Soit, par exemple, à multiplier 256 par 30. Le nombre 30 est égal à 10 fois 3. Or, le produit devant contenir 30 fois 256, ou, ce qui est la même chose, 10 fois 3 fois 256, pour trouver ce produit, on prendra d'abord 3 fois 256, c'est-à-dire on multipliera 256 par 3, ce qui donne 768. Ensuite on prendra 10 fois 768, ce qui se fait en mettant un zéro sur sa droite. Le produit cherché est donc 7680.

De même pour multiplier 2,56 par 30, on multiplie 256 centièmes par 3, ce qui donne 768 centièmes ; en mettant ensuite un zéro à droite, on a 7680 centièmes, ou 76,80.

34. Multiplication de deux nombres de plusieurs chiffres. — Supposons qu'on demande la somme à payer pour acheter 246 hectolitres de vin au prix de 38^{fr} l'hectolitre.

La somme demandée devra contenir 200 fois 58 francs, plus 40 fois 38 francs, plus 6 fois 38 francs.

On multipliera donc 38 par 6, ce qui donne	2 2 8^{fr}
On multipliera 38 par 40, ce qui donne	1 5 2 0
On multipliera 38 par 200, ce qui donne	7 6 0 0
En faisant la somme, on trouve	9 3 4 8^{fr}

Prenons un second exemple, en cherchant combien coûteront 56 mètres d'étoffe au prix de 25 francs 43 centimes le mètre.

La somme cherchée devra contenir 50 fois 25^{fr},43, ou, ce qui est la même chose, 50 fois 2543 centimes, plus 6 fois 2543 centimes.

On multipliera donc 2543 centimes par 6, ce qui donne	1 5 2 5 8
On multipliera 2543 centimes par 50, ce qui donne	1 2 7 1 5 0
En additionnant, on trouve	1 4 2 4 0 8

Ainsi la somme est 142408 centimes, ou 1424^{fr},08.

Ces deux exemples démontrent complétement la règle suivante :

RÈGLE. — *Pour multiplier un nombre quelconque par un nombre entier de plusieurs chiffres, on écrit d'abord le multiplicateur sous le multiplicande, et on tire un trait sous le second.*

On multiplie ensuite le multiplicande par chaque chiffre du multiplicateur de droite à gauche ; on écrit les produits les uns sous les autres au-dessous du trait, de manière que le premier chiffre à droite de chaque produit soit dans la même colonne que le chiffre correspondant du multiplicateur, et on fait la somme des produits. Cette somme est le produit cherché.

Si le multiplicande est un nombre décimal, il faut en outre mettre une virgule au produit, de manière qu'il y ait à sa droite autant de chiffres décimaux qu'au multiplicande.

Les deux opérations précédentes doivent être disposées de la manière suivante :

$$
\begin{array}{r}
5\,8 \\
2\,4\,6 \\
\hline
2\,2\,8 \\
1\,5\,2 \\
7\,6 \\
\hline
9\,5\,4\,8
\end{array}
\qquad\qquad
\begin{array}{r}
2\,5,4\,3 \\
5\,6 \\
\hline
1\,5\,2\,5\,8 \\
1\,2\,7\,1\,5 \\
\hline
1\,4\,2\,4,0\,8
\end{array}
$$

35. Abréviation de l'opération quand les facteurs sont terminés par des zéros. — Quand les deux facteurs, ou un seul, sont terminés par des zéros, *on fait la multiplication sans tenir compte des zéros ; mais on écrit ensuite à la droite du produit autant de zéros qu'on en avait négligé sur la droite des deux facteurs.*

Ainsi pour multiplier 2400 par 360, on multiplie d'abord 24 par 36, ce qui donne 864 ; on écrit ensuite trois zéros à la droite du résultat. Le produit demandé est 864000.

En effet, le nombre 360 étant égal à 10 fois 36, le produit cherché doit être égal à 10 fois 36 fois 24 centaines. On multiplie donc 24 centaines par 36, ce qui donne 864 centaines ou 86400 ; puis on prend 10 fois ce nombre, en mettant un zéro à sa droite, ce qui fait 864000.

36. Changement qu'éprouve le produit quand les deux facteurs varient. — 1° *Lorsque dans une multiplication on rend le multiplicande un certain nombre de fois plus grand, le produit devient ce même nombre de fois plus grand.*

Si par exemple dans la multiplication de 17 par 3, on remplace 17 par 68 qui est égal à 4 fois 17, le nouveau produit 68×3 vaudra 4 fois le produit 17×3.

En effet, le produit 17×3 est égal à $17 + 17 + 17$;
le produit 68×3 est égal à $68 + 68 + 68$.

Or, les trois parties qui composent le second étant le quadruple des trois parties qui composent le premier, il est évident que le second produit vaut 4 fois le premier.

Réciproquement, *lorsqu'on rend le multiplicande un certain nombre de fois plus petit, le produit devient ce même nombre de fois plus petit.*

2° *Lorsque dans une multiplication on rend le multiplicateur un certain nombre de fois plus grand, le produit devient ce même nombre de fois plus grand.*

Si par exemple dans la multiplication de 26 par 4 on remplace 4 par 12, qui est égal à 3 fois 4, le produit 26×12 vaudra 3 fois le produit 26×4.

En effet, le produit 26×12 est égal à la somme de 12 nombres égaux à 26. Or si on écrit ces 12 nombres, en les groupant quatre à la fois, on

$$26 + 26 + 26 + 26$$
$$26 + 26 + 26 + 26$$
$$26 + 26 + 26 + 26$$

voit que leur somme est égale à 3 fois 4 fois 26, c'est-à-dire à 3 fois 26×4.

On a donc $26 \times 12 = 26 \times 4 \times 3$.

Réciproquement, *lorsqu'on rend le multiplicateur un certain nombre de fois plus petit, le produit devient ce même nombre de fois plus petit.*

37. Multiplication par un produit de deux facteurs. — La démonstration du deuxième principe du numéro précédent fait voir qu'au lieu de multiplier le nombre 26 par 12, on peut arriver au même résultat en multipliant d'abord 26 par 4 et le produit par 5. De là cet autre principe :

Quand on doit multiplier un nombre par un autre qui est le produit de deux facteurs, il revient au même de multiplier ce nombre par le premier facteur et le résultat par le second facteur.

38. Changement dans l'ordre des facteurs. — 1° *On peut changer l'ordre des deux facteurs dans une multiplication sans altérer la valeur du produit.*

Tous les élèves savent, par exemple, que 4 fois 3 font 12, comme 3 fois 4, et que la même chose a lieu pour tous les nombres. Il ne s'agit donc pas précisément de démontrer que cela a lieu, mais d'expliquer pourquoi il en est ainsi.

Soit 3×4. Ce produit devant contenir 4 fois 3 sera égal à la somme $3 + 3 + 3 + 3$.

Si on y remplace 3 par trois fois 1, ce qui ne change pas sa valeur, le produit sera ainsi représenté :

$$1 + 1 + 1 + 1$$
$$1 + 1 + 1 + 1$$
$$1 + 1 + 1 + 1$$

Sous cette forme on voit qu'il contient 4 fois 3 unités, si l'on compte de haut en bas ; et 3 fois 4 unités, si l'on va de gauche à droite. Donc 4 fois 3 égalent 3 fois 4.

2° On a vu, au n° 36, que le produit 26×12 est égal à la somme suivante :

$$26 + 26 + 26 + 26$$
$$26 + 26 + 26 + 26$$
$$26 + 26 + 26 + 26$$

Or cette somme comptée de haut en bas contient

$$4 \text{ fois } 3 \text{ fois } 26 \text{ ou } 26 \times 3 \times 4 \, ;$$

comptée de gauche à droite, elle contient

3 fois 4 fois 26 ou $26 \times 4 \times 3$.

On a donc $26 \times 3 \times 4 = 26 \times 4 \times 3$.

Ce résultat montre que *dans un produit de trois facteurs on peut changer l'ordre des facteurs sans altérer le produit* (*).

39. Abréviation de l'opération. — D'après le principe précédent, on peut toujours prendre pour multiplicateur le plus petit des deux facteurs d'une multiplication, ce qui abrége un peu l'opération.

Si on demande, par exemple, quelle somme il faut payer à un ouvrier pour 246 journées de travail à 3 francs la journée, au lieu de multiplier 3 par 246, il vaut mieux multiplier 246 par 3.

40. Preuve. — Pour faire la preuve de la multiplication, on recommence l'opération, après avoir mis les deux facteurs l'un à la place de l'autre, et on doit retrouver le même produit.

Il y a un autre moyen plus rapide : c'est ce qu'on appelle la *preuve par* 9. Nous pouvons seulement l'indiquer ici sans la démontrer (**).

On additionne les chiffres du multiplicande et on divise la somme par 9 ; on fait la même chose au multiplicateur. On multiplie entre eux les restes de ces deux divisions, et on divise ce produit par 9. Si l'opération a été bien faite, le reste de cette dernière division doit être le même que celui qu'on obtiendra en divisant aussi par 9 le produit de la multiplication qu'on veut vérifier.

Prenons pour exemple une des multiplications du n° 34. On a trouvé $25,43 \times 56 = 1424,08$.

La somme des chiffres du multiplicande est 14. Ce nombre

(*) Ce principe est vrai, non-seulement pour deux et trois facteurs, mais pour un nombre quelconque de facteurs. La démonstration générale est renvoyée à la deuxième partie du traité.

(**) La démonstration est dans la seconde partie du traité.

divisé par 9 donne 5 pour reste : on écrit ce reste dans l'angle supérieur de la figure ci-contre.

La somme des chiffres du multiplicateur est 11. Ce nombre divisé par 9 donne 2 pour reste : on écrit ce reste dans l'angle inférieur.

Le produit de 5 par 2 est 10, qui, divisé par 9 donne 1 pour reste : on écrit ce reste à gauche.

Enfin, la somme des chiffres du produit à vérifier est 19, qui, divisé par 9, donne pour reste 1, qu'on écrit à droite.

Les deux nombres écrits à droite et à gauche étant égaux, il est à peu près certain que le produit 1424,08 est exact.

11. Définition de la multiplication quand le multiplicateur est un nombre décimal. — Il peut arriver que dans une multiplication le multiplicateur soit un nombre décimal, plus grand ou plus petit que 1, qu'on ait par exemple 23,6 à multiplier par 0,43.

Dans ce cas la définition qui a été donnée au n° 28, n'a plus de sens; il est donc nécessaire de chercher ce que signifie une telle multiplication.

Quand le multiplicateur est un nombre entier, le produit contient autant de fois le multiplicande qu'il y a d'*unités entières* dans le multiplicateur. Par analogie, *lorsque le multiplicateur est un nombre décimal, le produit doit contenir autant de dixièmes, de centièmes,... du multiplicande qu'il y a de dixièmes, de centièmes... de l'unité dans le multiplicateur.*

Ainsi dans l'exemple 23,6 × 0,43, le multiplicateur étant égal à 43 fois la centième partie de l'unité, le produit devra contenir 43 fois la centième partie du multiplicande.

Pour trouver ce produit, il faut d'abord prendre la centième partie du multiplicande, en reculant la virgule de deux chiffres à gauche (n° 15), ce qui donne 0,236, c'est-à-dire 236 millièmes. Ensuite on cherche 43 fois 236 millièmes, en multipliant 236 par 43, et en faisant exprimer aussi des millièmes au produit. On trouve ainsi 10148 millièmes ou 10,148.

RÈGLE. — Donc, *pour multiplier un nombre entier ou déci-*

mal par un nombre décimal, on fait la multiplication comme s'il n'y avait pas de virgule, et on sépare sur la droite du produit par une virgule autant de chiffres décimaux qu'il y en a dans les deux facteurs.

42. Sens du mot multiplier. — L'exemple précédent montre qu'en arithmétique *multiplier* ne signifie pas toujours *rendre plus grand*. Ce mot conserve ce sens seulement quand le multiplicateur est un nombre entier, ou un nombre décimal plus grand que l'unité. Ainsi dans $37,6 \times 1,48$ le produit vaut 148 fois la centième partie du multiplicande. Dans $37,6 \times 0,48$ le produit vaut seulement 48 fois la centième partie du multiplicande.

En résumé, *le produit est plus grand que le multiplicande, quand le multiplicateur est plus grand que 1 ; le produit est plus petit que le multiplicande, quand le multiplicateur est plus petit que 1.*

Remarque. — Il est bon d'observer que dans le cas où le multiplicateur est un nombre décimal, la multiplication se compose d'une première opération, qui consiste à prendre la dixième, la centième... partie du multiplicande, et de la multiplication de ce résultat par un nombre entier.

43. Calcul mental. — *Multiplier un nombre par* $20, 30, 40...$ — On multiplie ce nombre par $2, 3, 4...$ et on met un zéro à droite.

Si on trouve quelque difficulté à multiplier le nombre par 4, on le multiplie d'abord par 2, puis le résultat encore par 2.

Multiplier un nombre par 12. — On le multiplie d'abord par 3, puis par 4. De même pour multiplier par 16, on multiplie d'abord par 4, puis encore par 4. De même pour multiplier par 18, on multiplie par 2, puis par 9, ou par 2, par 3 et par 3.

Multiplier un nombre par 19. — On le multiplie par 20, et du résultat on retranche une fois le nombre.

Multiplier un nombre par 11. — On le multiplie par 10, et on ajoute au résultat une fois le nombre.

PROBLÈMES.

21. Un enfant va régulièrement à l'école 5 jours par semaine et une fois seulement par jour, la distance de la maison à l'école étant de 1246 mètres. Chercher le chemin qu'il a parcouru au bout de l'année pour l'aller et le retour, en ôtant 6 semaines de vacances.

22. Le poids moyen de l'hectolitre de blé étant 75 kilogrammes, quel est le poids d'un chargement de blé contenant 63 hectolitres?

23. Un homme entretient deux chevaux dont la ration journalière se compose de 5^{kgr},5 de foin et de 5^{kgr} de paille : quelle quantité de foin et de paille doit-il acheter pour la provision d'une année?

24. Une personne achète 7 mètres d'étoffe au prix de 19^{fr},25 le mètre, et donne en même temps 68^{fr}. Combien redoit-elle?

25. Un livre se compose de 246 pages contenant chacune 38 lignes, excepté 6 pages qui n'en contiennent que 18, la première qui n'en a que 12 et la dernière 7. Chercher le nombre total des lignes du livre.

26. Un employé reçoit chaque mois 135^{fr},33 ; sa dépense annuelle est de 1254^{fr}. Combien peut-il économiser chaque année?

27. Un marchand a acheté 35 kilogrammes de sucre à 1^{fr},34 le kilogramme, et 79 kilogrammes à 1^{fr},25. Quelle somme doit-il payer?

28. Un vigneron pour faire ses vendanges a employé pendant 6 jours 14 personnes à chacune desquelles il devait donner 2^{fr},65 par jour. Quelle somme a-t-il dépensée?

29. Un boulanger achète 162 kilogrammes de farine au prix de 65^{fr} les 100 kilogrammes, et comme il paye comptant, il obtient une réduction du dixième. Quelle somme doit-il donner?

30. Un maître d'hôtel achète 13 douzaines d'assiettes à 35 centimes la pièce, et 7 douzaines de verres à 45 centimes la pièce. A combien s'élève la somme dépensée pour cet achat?

31. Un voyageur a payé sur un chemin de fer en seconde classe 8^{fr},45, pour une distance de 100 kilomètres. Combien payera-t-il pour une distance de 237 kilomètres?

32. Une domestique avait reçu 20^{fr} pour payer des provisions. Elle a acheté 3^{kgr},45 de viande à 1^{fr},35 le kilogr.; 2^{kgr},35 de café au prix de 3^{fr},25 le kilogr. Elle paye encore une dette de 2^{fr},85. Que lui reste-t-il?

33. Un marchand fait venir un baril d'huile dont le poids total est de 69 kilogr. ; le poids du fût vide est de 11 kilogr. Quel est le montant de cet achat, si l'huile coûte 121^{fr},50 les 100 kilogr., et si le prix du fût vide est de 4^{fr},50?

34. Un propriétaire fait planter 48 mûriers dont chacun coûte 1^{fr},45. Il donne pour creuser chaque trou et planter l'arbre 35 centimes. A combien lui revient cette plantation?

35. Un homme achète 142 volumes chez un libraire au prix de 3^{fr},50 le volume, et il obtient une réduction de 10 pour 100. Quelle somme doit-il?

36. Pour couvrir le toit d'une maison on a employé 4520 tuiles coûtant 18^{fr},75 le mille, plus le dixième du prix pour le transport. Quelle somme a-t-il fallu dépenser?

37. Un marchand de vin remplit un tonneau de 214 litres avec 136 litres de vin à 35 centimes le litre, et le reste avec du vin à 45 centimes. Quelle somme le vendra-t-il, le prix du fût vide étant 8^{fr},65?

38. Un ouvrier qui a tapissé un appartement, y a employé 13 rouleaux de papier du prix de 1^{fr},34 et 4 rouleaux de bordure au prix de 1^{fr},25 le rouleau. Quelle somme doit-il recevoir, s'il exige 6^{fr},50 pour la pose du papier?

39. Trois personnes achètent une pièce de toile ayant 62 mètres, au prix de 3^{fr},25 le mètre. La première en prend un dixième, la seconde quatre dixièmes, et la troisième le reste. Combien chacune doit-elle payer?

40. Un homme vend 1460 fagots à 38^{fr},45 le cent, et 48 sacs de charbon de bois à 4^{fr},75 le sac. Quelle somme rapporte-t-il, s'il paie une dette de 82^{fr}?

CHAPITRE V

DIVISION

—

DIVISION PAR UN NOMBRE ENTIER.

44. Définition. — *La division d'un nombre par un autre est une opération par laquelle on partage le premier nombre en autant de parties égales qu'il y a d'unités dans le second.*

Le premier nombre s'appelle *dividende* ; le second, *diviseur.*

Supposons par exemple qu'on doive diviser 32 francs en parties égales entre 8 personnes. Pour faire ce partage, un enfant qui ignorerait l'arithmétique et même la table de multiplication, donnerait d'abord 1 franc à chaque personne : il aurait ainsi prélevé 8 francs. Sur le reste 24 il prendrait 8 francs, ce qui ferait un deuxième franc à donner à chaque personne ; sur le reste 16 il prendrait encore 8 francs, ce qui ferait un troisième franc pour chaque personne ; enfin les 8 francs qui restent, font un quatrième franc pour chaque personne. Ainsi la part cherchée est de 4 francs, c'est-à-dire d'autant de francs qu'il y a de fois 8 francs dans 32 francs.

On peut donc dire que *la division d'un nombre par un autre sert à chercher combien de fois le second est contenu dans le premier.* C'est pour cela que le résultat de la division est appelé *quotient,* du mot latin *quoties* qui signifie *combien de fois.*

Il résulte encore de l'exemple précédent que 32 étant égal à 4 fois 8 ou 8 fois 4, *la division sert aussi à connaître le nombre qui multiplié par le diviseur reproduira le dividende.*

La première de ces trois définitions de la division ne s'applique que dans le cas où le diviseur est un nombre entier, et la seconde dans le cas où le diviseur est plus petit que le dividende. La troisième est générale ; ainsi *dans toute division le dividende est égal au diviseur multiplié par le quotient.*

45. Signe de division. — Pour indiquer que deux nombres doivent être divisés l'un par l'autre, on place le diviseur à la suite du dividende, en les séparant par deux points. Ainsi 32 : 8 signifie 32 *divisé par* 8.

Si on veut de plus indiquer que le quotient est égal à 4, on écrit : 32 : 8 = 4.

46. Division par 10, 100, 1000, etc. — 1° On a déjà vu (n° 9) que lorsqu'un nombre entier est terminé par des zéros, il suffit d'ôter un zéro pour le rendre 10 fois plus faible, deux zéros pour le rendre 100 fois plus faible, etc.

2° D'après les remarques faites au numéro 13, on divise un nombre entier ou décimal par 10, en reculant la virgule d'un chiffre à gauche ; par 100, en la reculant de deux chiffres ; par 1000, en la reculant de trois chiffres, etc.

Ainsi 4,76 divisé par 1000 donne 0,00476. De même 348 divisé par 100 donne 3,48.

47. Cas où le quotient doit être moindre que 10. — Deux nombres entiers étant donnés, on reconnaît que leur quotient sera moindre que 10, lorsque le diviseur suivi d'un zéro est supérieur au dividende.

1° Si le diviseur n'a qu'un chiffre, et le dividende un ou deux seulement, on trouve le quotient au moyen de la table de multiplication, qu'on doit savoir par cœur.

Soit 54 à diviser par 9. On trouve immédiatement que le quotient est 6, puisque 6 fois 9 font 54.

Soit 58 à diviser par 9. Le nombre 58 n'est pas parmi ceux de la table de multiplication. Or 6 fois 9 font 54, et 7 fois 9 font 63 ; le quotient cherché est donc plus grand que 6, mais plus petit que 7 ; par conséquent il est égal à 6, plus une fraction. Pour le moment nous nous bornons à la partie entière 6 ; on verra plus loin comment on peut trouver la fraction.

2° Soit 5143 à diviser par 829. Le quotient sera moindre que 10 ; car 5143 est moindre que 10 fois 829 ou 8290.

Pour le trouver facilement, *on néglige le même nombre de chiffres sur la droite du dividende et du diviseur, de manière à n'en conserver qu'un au diviseur ; on a alors un nombre de un ou deux chiffres à diviser par un nombre d'un seul.* Dans l'exemple cité, on divisera 51 centaines par 8 centaines, en cherchant combien de fois 8 centaines sont contenues dans 51 centaines, ou plus simplement combien de fois 8 est contenu dans 51. Le quotient est 6.

Le quotient ainsi obtenu est quelquefois trop fort, à cause des chiffres négligés au diviseur. On s'en assure en multipliant le diviseur par ce quotient. Cela se présente dans la division de 5143 par 879 ; car 6 fois 8 centaines augmentées des centaines retenues sur 6 fois 7 dizaines donnent un nombre supérieur à 51 centaines.

Soit encore 3245 à diviser par 692. Si l'on observe que le diviseur 692 est beaucoup plus près de 7 centaines que de 6 centaines, on voit qu'on trouvera plus exactement le chiffre du quotient en divisant 32 par 7, au lieu de diviser 32 par 6. En effet 32 divisé par 6 donne le quotient 5, qui est trop fort ; car 5 fois 6 plus les retenues provenant de la multiplication de 9 par 5 font 34, nombre supérieur à 32. Au contraire 32 divisé par 7 donne 4, qui est le véritable chiffre du quotient.

48. Cas où le dividende surpasse 10 fois le diviseur. — Pour découvrir la marche à suivre, prenons un exemple, et supposons qu'un homme ignorant l'arithmétique soit chargé de distribuer également à 34 personnes une somme composée de 28 billets de banque de 1000 francs, 7 billets de 100 francs, 4 pièces de 10 francs et 6 pièces de 1 franc, ce qui fait une somme de 28746 francs.

N'ayant pas assez de billets de 1000 francs, il les change en billets de 100 francs, ce qui fait 287 billets de 100 francs à distribuer. Il en donne à chaque personne autant qu'il trouve de fois 34 dans 287, c'est-à-dire 8. Mais 34 fois 8 ne font que 272 ; il lui reste 15 billets de 100 francs, qu'il change en pièces de 10 francs, ce qui fait 154 pièces de 10 francs à distribuer. Il en donne à chaque personne autant qu'il trouve de fois 34 dans 154, c'est-à-dire 4. Mais 34 fois 4 ne font que 136; il lui reste 18 pièces de 10 francs, qu'il change en pièces de 1 franc, ce qui fait 186 pièces de 1 franc à distribuer. Il en donne à chaque personne autant qu'il trouve de fois 34 dans 186, c'est-à-dire 5, et comme 34 fois 5 ne font que 170, il reste 16 pièces de 1 franc.

Ainsi chaque personne doit recevoir 8 billets de 100 francs, 4 pièces de 10 francs et 5 pièces de 1 franc, c'est-à-dire 845 francs.

Si l'on veut pousser le partage plus loin, il faut remplacer les 16 pièces de 1 franc par 160 pièces de cuivre de 1 décime ou 10 centimes. Comme il y a 4 fois 34 dans 160, on peut donner à chaque personne 4 pièces de 1 décime. Mais 34 fois 4 ne font que 136; il reste 24 pièces de 1 décime, que l'on remplace par 240 pièces de 1 centime. On peut en donner 7 à chaque personne, et comme 34 fois 7 font seulement 238, il reste encore 2 pièces de 1 centime.

La part de chaque personne est alors de 845,47, en négligeant une fraction de centime.

Si le dividende avait contenu aussi des décimes et des centimes, le partage se serait fait de la même manière. Le dividende peut donc être entier ou décimal, sans que l'opération change.

Le tableau ci-contre représente l'ensemble des opérations qui viennent d'être faites successivement. On en déduit la règle suivante.

$$
\begin{array}{r|l}
2\,8\,7\,.\,4\,6\,,\,0\,0 & 3\,4 \\
2\,7\,2 & \overline{8\,4\,5\,,\,4\,7} \\
\hline
1\,5\,4 & \\
1\,3\,6 & \\
\hline
\quad 1\,8\,6 & \\
\quad 1\,7\,0 & \\
\hline
\quad\quad 1\,6\,0 & \\
\quad\quad 1\,3\,6 & \\
\hline
\quad\quad\quad 2\,4\,0 & \\
\quad\quad\quad 2\,3\,8 & \\
\hline
\quad\quad\quad\quad 2 & \\
\end{array}
$$

RÈGLE. — *Pour diviser un nombre entier ou décimal par un nombre entier, on écrit le diviseur à la droite du dividende ;*

entre ces deux nombres on tire un trait de haut en bas, et sous le diviseur un trait de gauche à droite.

On sépare par un point sur la gauche du dividende assez de chiffres pour que cette partie du dividende contienne le diviseur moins de dix fois : cette partie est le premier dividende partiel. On cherche combien de fois ce dividende partiel contient le diviseur ; le nombre ainsi trouvé est le premier chiffre du quotient ; on l'écrit sous le trait placé sous le diviseur. On multiplie le diviseur par ce chiffre, et on soustrait le produit du premier dividende partiel. A droite du reste on écrit le chiffre suivant du dividende total, ce qui forme le deuxième dividende partiel. On cherche combien de fois il contient le diviseur ; le quotient obtenu est le second chiffre du quotient : il se place à droite du premier. On opère ensuite après ce chiffre, comme après le précédent, et on continue de la même manière, jusqu'à ce que tous les chiffres du dividende aient été employés.

Il faut placer la virgule au quotient de manière qu'il y ait à sa droite autant de chiffres décimaux qu'il y en a au dividende.

Si le dividende est un nombre entier et que la division laisse un reste, on peut continuer l'opération pour obtenir au quotient le chiffre des dixièmes, celui des centièmes, etc. Pour cela on opère comme si à la droite du dividende il y avait des zéros, et on sépare à droite du quotient par une virgule autant de chiffres décimaux qu'on a employé de zéros.

49. Remarques. — 1° Chaque chiffre du quotient exprime le même ordre d'unités que le dividende partiel correspondant. Par conséquent si un dividende partiel est moindre que le diviseur, il faut mettre zéro au quotient ; on abaisse ensuite le chiffre suivant du dividende pour continuer l'opération.

2° Le reste de chaque division partielle doit toujours être moindre que le diviseur. En effet, s'il le contenait encore, le chiffre qu'on aurait mis au quotient serait trop faible.

3° Le quotient obtenu dans chaque division partielle ne doit jamais surpasser 9 ; s'il était plus fort que 9, cela indiquerait que le chiffre précédent du quotient est trop faible.

50. Preuve. — On fait la preuve de la division en multipliant le diviseur par le quotient, et en ajoutant le reste au produit. On doit retrouver le dividende.

La division fournit aussi le moyen de faire la preuve de la multiplication. Pour cela il faut diviser le produit par l'un des deux facteurs ; le quotient obtenu doit être égal à l'autre facteur, et la division ne doit point laisser de reste.

Preuve par 9. — Le dividende n'étant autre chose que le produit du diviseur par le quotient, on peut faire la preuve de la division par 9 , comme s'il s'agissait d'une multiplication.

Si la division n'a pas laissé de reste, on opère de la même manière qu'au numéro 40, en regardant le diviseur et le quotient comme les deux facteurs, et le dividende comme le produit de la multiplication.

Si la division a laissé un reste, on retranche d'abord ce reste du dividende. Le résultat de cette soustraction est le produit du diviseur multiplié par le quotient. On opère alors sur ce produit comme dans le cas précédent.

Par exemple la division de 28746,00 par 34 (n° 48) a donné le quotient 845,47 et le reste 2 centièmes. Pour faire la preuve, on retranche d'abord 2 de 2874600, ce qui donne 2874598.

La somme des chiffres du diviseur divisée par 9 donne pour reste 7.

La somme des chiffres du quotient divisée par 9 donne pour reste 1.

Le produit de 7 par 1 divisé par 9 donne pour reste 7.

Enfin la somme des chiffres du dividende 2874598 divisée par 9 donne pour reste 7. L'opération est donc probablement exacte.

51. Changement qu'éprouve le quotient quand le dividende et le diviseur varient. — 1° *Lorsqu'on rend le dividende un certain nombre de fois plus grand, le quotient devient ce même nombre de fois plus grand.*

Si, par exemple, dans la division de 42 par 7, on remplace 42 par 126, qui est égal à 3 fois 42, le quotient de 126 divisé par 7 vaudra 3 fois le quotient de 42 divisé par 7.

En effet le nouveau dividende est égal à $42 + 42 + 42$. Pour en prendre la 7e partie, on peut prendre la 7e partie de chacun des trois nombres dont il est la somme. Le quotient de 126 divisé par 7 contient donc 3 fois celui de 42 divisé par 7.

Réciproquement, *lorsqu'on rend le dividende un certain nombre de fois plus petit, le quotient devient ce même nombre de fois plus petit.*

2° *Lorsqu'on rend le diviseur un certain nombre de fois plus grand, le quotient devient ce même nombre de fois plus petit.*

Soit par exemple 234 à diviser par 6. Si on divise 234 par 18, qui est 3 fois plus grand que 6, on obtiendra un quotient 3 fois plus petit que le premier.

En effet, lorsqu'on a divisé un nombre en 6 parties égales, si on divise encore chaque partie en 3 parties égales, on a ainsi divisé le nombre en 6 fois 3 parties égales, c'est-à-dire en 18 parties égales. Donc la 18e partie de 234 est 3 fois plus faible que la 6e partie.

Réciproquement, *lorsqu'on rend le diviseur un certain nombre de fois plus petit, le quotient devient ce même nombre de fois plus fort.*

Des deux principes précédents résulte le suivant :

3° *Quand on rend le dividende et le diviseur le même nombre de fois plus grands, ou le même nombre de fois plus petits, le quotient ne change pas.*

52. Changement qu'éprouve le reste de la division quand le dividende et le diviseur deviennent plus grands ou plus petits. — *Quand on rend le dividende et le diviseur le même nombre de fois plus grands ou plus petits, le quotient ne change pas, mais le reste de la division est rendu le même nombre de fois plus grand ou plus petit.*

En effet soit 45 à diviser par 6, et 45×12 à diviser par 6×12. Le second dividende et le second diviseur peuvent être regardés comme exprimant l'un 45 douzaines et l'autre 6 douzaines. Or il y a évidemment autant de fois 6 douzaines dans 45 douzaines que de fois 6 unités dans 45 unités. Ce nombre de fois est 7 ; mais d'un côté il reste 3 unités, et de l'autre 3 douzaines. Le reste de la seconde division est donc 12 fois plus grand que le reste de la première.

53. Division par un produit de deux facteurs. — En démontrant le deuxième principe du n° 51, on a fait voir que la division de 234 par 18 donne le même quotient que si on divisait 234 par 6, puis le résultat par 3. De là ce principe :

Quand on doit diviser un nombre par un autre qui est le produit de deux facteurs, il revient au même de diviser le premier nombre par le premier facteur du second, et le résultat par l'autre facteur.

SIMPLIFICATION DE LA DIVISION.

54. Cas où le dividende et le diviseur sont terminés par des zéros. — 1° *Quand le dividende et le diviseur sont terminés par des zéros, le dividende étant un nombre entier comme le diviseur, on supprime sur leur droite le même nombre de zéros, avant de commencer la division.*

Le quotient ne change pas ; car le dividende et le diviseur sont ainsi rendus le même nombre de fois plus petits.

Ainsi pour avoir le quotient de 468000 divisé par 3900, il suffit de diviser 4680 par 39.

2° S'il y a sur la droite du diviseur plus de zéros qu'au dividende, on supprime tous les zéros qui sont à la droite du diviseur, et on sépare sur la droite du dividende par une virgule autant de chiffres décimaux qu'on a supprimé de zéros au diviseur, quand le dividende est un nombre entier.

Lorsque le dividende est un nombre décimal, on recule la virgule à gauche d'autant de rangs qu'on a supprimé de zéros au diviseur.

Ainsi au lieu de diviser 4236 par 5700, on divise 42,36 par 57. Pour avoir le quotient de 861,4 divisé par 630, on divise 86,14 par 63.

55. Division abrégée par un diviseur d'un seul chiffre.
— Quand le diviseur n'a qu'un chiffre, il faut s'habituer à abréger la division de la manière suivante.

Divisons par exemple 14827 par 4, c'est-à-dire cherchons la quatrième partie ou le *quart* de 14827.

Le quart de 14 mille est 3 mille pour 12 mille ; on écrit 3 au-dessous de 4 ; il reste 2 mille qui valent 20 centaines. — 20 centaines et 8 centaines font 28 centaines ; le quart de 28 est 7 centaines ; on écrit 7 au-dessous de 8.

Le quart de 2 dizaines ne donne point de dizaines ; on met zéro à la place au-dessous du chiffre 2. — Le quart de 27 unités est 6, qu'on écrit au-dessous de 7 ; il reste 3.

$$\begin{array}{l} 1\ 4\ 8\ 2\ 7 \\ 3\ 7\ 0\ 6 \quad \text{Quotient} \\ 3 \quad \text{Reste} \end{array}$$

De cette manière la multiplication et la soustraction sont faites en même temps, et on n'écrit pas les restes, qui peuvent être facilement retenus, puisqu'ils ne surpassent pas 9.

56. Abréviation de la division de deux nombres quelconques. — Quel que soit le nombre des chiffres du diviseur, il faut abréger la division, en effectuant les soustractions, à mesure qu'on multiplie les chiffres du diviseur par un chiffre du quotient.

Soit par exemple à diviser 67528 par 246.

Le premier dividende partiel est 675. En 675 il y a 2 fois 246 ; j'écris 2 au quotient, et je dis : 2 fois 6 font 12 ; ne pouvant ôter 12 de 5, je remplace 5 par

$$\begin{array}{l|l} 6\ 7\ 5\ 2\ 8 & 2\ 4\ 6 \\ \cline{2-2} 1\ 8\ 3\ 2 & 2\ 7\ 4 \\ 1\ 1\ 0\ 8 & \\ 1\ 2\ 4 & \end{array}$$

le nombre terminé par 5, et immédiatement supérieur à 12 : c'est 15. Je retranche 12 de 15, ce qui donne 3, et je retiens 1 (1 que j'ai mis au-devant de 5 pour faire 15). — 2 fois 4 font 8 et 1 font 9. J'ôte 9 de 17 ; il reste 8, et je retiens 1 (1 qui a été mis au-devant de 7 pour faire 17). — 2 fois 2 font 4, et 1 qui a été retenu 5 ; 5 ôté de 6, il reste 1.

En opérant ainsi j'ai augmenté successivement d'un même nombre le dividende partiel et le produit qui doit en être retranché. En effet 675 a été augmenté de 10 unités de l'ordre du 5 ou 1 unité de l'ordre du 7, et dans la soustraction suivante le produit 2 fois 4 a été augmenté de 1 unité de l'ordre du 7. Par conséquent le reste de la soustraction ne change pas.

57. Calcul mental. — Les principes démontrés dans la division et la multiplication permettent de trouver assez facilement certains quotients, sans rien écrire. En voici quelques exemples.

Diviser un nombre par 5. — On le divise par 10, et on double le résultat.

Diviser un nombre par 25. — On peut le diviser par 100, et multiplier le résultat par 4.

Diviser 100 *par* 30. — On divise 10 par 3, mais on trouve un quotient composé d'un nombre indéfini de chiffres qui se répètent toujours, 3,3333 ... Cette fraction décimale où les chiffres reviennent régulièrement dans le même ordre s'appelle *fraction décimale périodique*.

Diviser 368 *par* 12. — On divise 368 par 4, ce qui donne 92 ; puis 92 par 3, ce qui donne 30,6666....

De même, au lieu de diviser un nombre par 18, on divise par 3, puis par 6 ; pour le diviser par 24, on le divise par 2, puis par 3, puis par 4.

DIVISION PAR UN NOMBRE DÉCIMAL.

58. Définition de la division quand le diviseur est un nombre décimal. — Lorsque le diviseur est un nombre décimal, on ne peut plus dire que la division consiste à partager un nombre en autant de parties égales qu'il y a d'unités dans un autre nombre.

1° Si le diviseur décimal est plus petit que le dividende, on peut regarder *la division comme ayant pour but de chercher combien de fois le diviseur est contenu dans le dividende* (n° 44).

Ainsi quand il s'agit de diviser 23,6 par 4,81, cela revient à chercher combien de fois 481 centièmes sont contenus dans 236 dixièmes ou mieux dans 2360 centièmes. On trouvera ce nombre de fois en divisant 2360 par 481.

En considérant la division sous ce point de vue, on comprend facilement que *si le diviseur est plus grand que l'unité, le quo-*

tient est plus petit que le dividende ; que si le diviseur est plus petit que l'unité, le quotient est plus grand que le dividende, et que le quotient est d'autant plus grand que le diviseur est plus petit.

En effet si le diviseur était 1, le quotient serait égal au dividende. Quand le diviseur est plus grand que 1, il est contenu moins de fois que 1 dans le dividende ; quand le diviseur est plus petit que 1, il est contenu plus de fois que 1 dans le dividende. Enfin plus le diviseur est petit, plus est grand le nombre de fois qu'il est contenu dans le dividende.

2° Quand le diviseur est un nombre décimal plus grand que le dividende, la division ne peut pas être regardée autrement que comme *une opération ayant pour but de trouver le nombre qui multiplié par le diviseur reproduira le dividende* (n° 44).

Il n'est plus question alors de partager un nombre, quoique l'opération conserve le nom de division.

59. RÈGLE. — *Pour diviser un nombre entier ou décimal par un nombre décimal, on supprime la virgule du diviseur, et on avance à droite celle du dividende d'autant de chiffres qu'il y avait de chiffres décimaux au diviseur.*

S'il n'y a pas assez de chiffres décimaux au dividende, on met sur sa droite autant de zéros qu'il en faut pour compléter le nombre de chiffres décimaux nécessaires au déplacement de la virgule.

Par exemple pour diviser 25,136 par 7,8, on divise 251,36 par 78, d'après la règle du n° 48. De même pour diviser 382 par 6,47, on divise 38200 par 647.

En opérant ainsi on multiplie le dividende et le diviseur par le même nombre ; le quotient ne change pas (n° 51, 5°). Il n'y a que le reste qui se trouve multiplié par ce nombre (n° 52).

60. Quotient approché. — Le plus souvent la division de deux nombres laisse un reste, et par conséquent le quotient n'est pas exact. Il n'a, comme on dit, qu'une *valeur approchée.*

Prenons pour exemple la division de 382 par 6,47.

Si l'on considère $3\ 8\ 2\ 0\ 0$ — $6\ 4\ 7$
le quotient dans sa $\quad 5\ 8\ 5$ — $5\ 9,\ 0\ 4\ 1\ 7\ 3\ 1$
partie entière seul-
lement, on voit que
59 est trop faible,
et que 60 est trop
fort ; mais l'erreur
dont le quotient 59
est affecté est moindre que 1 unité.

Si l'on prend le quotient jusqu'aux centièmes, le nombre 59,04 est trop faible, mais 59,05 serait trop fort ; donc 59,04 est affecté d'une erreur moindre que 1 centième.

61. De l'erreur du produit quand le multiplicande est approché. — Si on doit d'abord diviser un nombre par un autre, et multiplier le quotient par un troisième nombre, l'erreur du produit de la multiplication pourra être beaucoup plus grande que celle du quotient.

EXEMPLE. — *Un voyageur sachant qu'on paye 43 fr. aux secondes places pour aller de Paris à Lyon par le chemin de fer, veut calculer le prix qu'il payera pour aller de Lyon à Marseille. La distance de Paris à Lyon est de 512 kilomètres ; celle de Lyon à Marseille est de 352 kilomètres.*

Il cherche d'abord le prix par kilomètre, en divisant 43 fr. par 512.

Il trouve ainsi, pour 1 kilomètre, $43^{fr} : 512 = 0^{fr},08$.

Le prix pour 352 kilom. sera $0^{fr},08 \times 352 = 28^{fr},16$.

Ce résultat diffère beaucoup du prix qui sera exigé du voyageur.

En effet, le quotient de 43 divisé par 512 est 0,083984......

En ne tenant pas compte des chiffres décimaux qui suivent 8 centièmes, on néglige une quantité moindre que 1 centime, et différant peu d'un demi-centime. Or 352 fois un demi-centime font 177 centimes ou $1^{fr},77$; donc ce qui manque au résultat $28^{fr},16$ trouvé plus haut est presque égal à $1^{fr},77$.

Il est facile de connaître le nombre des chiffres décimaux qu'il suffit de conserver dans le multiplicande. En effet, si on multipliait le prix du kilomètre par 100, on aurait 8^{fr},3984...; si on le multipliait par 1000, on aurait 83^{fr},984... Par conséquent, pour obtenir le produit exact jusqu'aux centimes, il suffit de prendre 0,0839 pour multiplicande quand on multiplie par 100, et 0,08398 quand on multiplie par 1000. En prenant donc 0,08398 pour multiplicande quand on doit multiplier par 352, on aura un produit exact jusqu'aux centièmes. Ce produit est 29^{fr},56.

Règle. — De cette explication résulte la règle suivante :

Dans une multiplication où le multiplicande n'est qu'approché, le nombre des chiffres décimaux qu'il faut employer au multiplicande est égal au nombre des chiffres décimaux qu'on veut conserver au produit, plus le nombre des chiffres de la partie entière du multiplicateur.

Dans la division, au contraire, l'erreur du quotient est moindre que celle du dividende; *elle est égale à celle du dividende divisée par le diviseur.* En effet, supposons qu'on doive distribuer à 25 personnes une somme de 268^{fr},50. Si on néglige les 50 centimes, il est évident que ce qui manque à la part de chaque personne est seulement la 25e partie de 50 centimes, c'est-à-dire 2 centimes.

62. Erreur d'un produit ou d'un quotient. — De ce qui précède se déduisent les deux principes suivants :

1° *Dans une multiplication où le multiplicande est un nombre seulement approché, l'erreur dont le produit se trouve affecté est égale à l'erreur du multiplicande multipliée par le multiplicateur.*

2° *Dans une division où le dividende est un nombre seulement approché, l'erreur dont le quotient se trouve affecté est égale à l'erreur du dividende divisée par le diviseur.*

PROBLÈMES.

41. On a payé 186 fr. pour 6 hectolitres 54 litres de vin. Quel est le prix d'un litre?

42. Un homme en mourant lègue à 14 familles pauvres une somme de 25600 francs, qui doit leur être également partagée. Que reviendra-t-il à chaque famille?

43. Un marchand a une pièce de drap contenant 34 mètres, et qui lui coûte 724 fr. Combien doit-il revendre le mètre pour gagner 68 fr.?

44. Une fabrique achète pour 7920 fr. de charbon à $2^{fr},50$ l'hectolitre; combien de temps durera ce charbon, si l'on en brûle 6 hectolitres 50 litres par jour?

45. Un homme a acheté 28 hectolitres de vin au prix de $36^{fr},25$ l'hectolitre : combien avec la même somme aurait-il eu d'hectolitres d'un autre vin du prix de $31^{fr},56$?

46. Un homme ayant payé 62 fr. pour 4 mètres 5 décimètres d'étoffe; combien coûteront seulement 3 mètres de la même étoffe?

47. On a employé 4 ouvriers pendant 8 jours pour faire 125 mètres d'un certain ouvrage; combien aurait-il fallu de jours si l'on avait employé 6 ouvriers?

48. Combien coûteront 8 crayons au prix de $1^{fr},45$ la douzaine?

49. Deux ouvriers ont fait en commun un ouvrage pour lequel ils ont reçu une somme totale de 32 francs; que revient-il à chacun, le premier ayant travaillé 4 jours et le second 5 jours?

50. Une femme a payé au marché 65 centimes pour 8 œufs : combien coûterait la douzaine?

51. Un homme a payé les sept dixièmes d'une dette en donnant 534 fr. : à combien s'élevait la dette totale?

52. Un enfant lisant une relation de voyage y trouve que la distance de deux villes est de 234 milles anglais. Combien cette distance contient-elle de lieues de 4 kilomètres, le mille ayant une longueur de 1609 mètres?

53. Un homme prête à son voisin 2458 francs, à condition que celui-ci les lui rendra dans un an, et lui donnera en sus, pour prix de ce service, autant de fois $4^{fr}, 25$ qu'il y a de fois 100 francs dans la somme prêtée : calculer ce que l'emprunteur doit rendre?

54. Un ouvrier a mis 2 heures 15 minutes pour faire 4 dixièmes d'un ouvrage : combien mettra-t-il de temps pour faire l'ouvrage entier?

55. Un voyageur qui fait 5 kilomètres 500 mètres par heure, doit se rendre à une ville éloignée de 48 kilomètres : au bout de quel temps y arrivera-t-il?

56. Trois personnes ont fait en commun une dépense de 24^{fr},75 ; la première doit en payer le tiers ; la seconde, le quart ; la troisième, le reste. Quelle est la part de chacun?

57. Un marchand mêle 15 litres d'eau-de-vie du prix de 1^{fr},28 le litre avec 24 litres d'une autre eau-de-vie du prix de 1^{fr},05 le litre : à combien revient le litre de ce mélange ?

58. Un particulier échange dans un magasin 7^m,45 de drap du prix de 18^{fr},50 le mètre contre de la toile coûtant 4^{fr}, 65 le mètre : combien recevra-t-il de mètres de toile?

59. Deux trains de chemin de fer partent au même instant l'un de Lyon et l'autre de Marseille, allant l'un au-devant de l'autre. Celui de Lyon parcourt 45 kilomètres par heure ; celui de Marseille 32 kilomètres. A quelle distance de Lyon se rencontreront-ils, la distance de Lyon à Marseille étant de 352 kilomètres ?

60. Une personne achète 3 dixièmes d'une pièce de drap pour 32^{fr},54. Quel est le prix de la pièce entière, et quel est le nombre de mètres qu'elle contient, le prix du mètre étant de 4^{fr},75?

CHAPITRE VI

FRACTIONS ORDINAIRES

63. Numérateur et dénominateur. Manière d'écrire et de lire une fraction. — Parmi les fractions, il n'y a que les fractions décimales qu'on puisse écrire comme les nombres entiers. Une *fraction ordinaire*, c'est-dire une fraction qui n'est pas décimale, s'exprime au moyen de deux *termes* : le *numérateur* et le *dénominateur*.

Le numérateur est le nombre d'unités fractionnaires que contient la fraction.

Le dénominateur est le nombre de parties égales dans lesquelles on a divisé l'unité entière pour former l'unité fractionnaire. Ainsi, dans la fraction 7 huitièmes, le numérateur est 7, et le dénominateur est 8.

Pour écrire une fraction, on place le dénominateur sous le numérateur, en les séparant par un petit trait. La fraction 7 huitièmes sera écrite $\frac{7}{8}$.

Réciproquement, pour lire une fraction ordinaire, on énonce d'abord le numérateur, puis le dénominateur, en lui ajoutant la terminaison *ième*. Par exemple, la fraction $\frac{5}{9}$ se lira 5 neuvièmes. Quand le dénominateur est 2, 3 ou 4, on dit : *demie, tiers, quart*, au lieu de deuxième, troisième, quatrième. Cela a déjà été expliqué au n° 2.

Il est très-important d'observer que le dénominateur peut être regardé comme n'étant autre chose que *le nom de l'unité fractionnaire écrit en chiffres ;* car les fractions $\frac{2}{3}$, $\frac{5}{6}$, $\frac{7}{9}$, représentent 2 fois *le tiers* de l'unité, 5 fois *la sixième* partie de l'unité, 7 fois *la neuvième* partie de l'unité.

64. Indication d'un quotient par une fraction. — *Une fraction exprime le quotient de la division du numérateur par le dénominateur.*

En effet, s'il s'agissait de partager 3 unités en 7 parties égales, on pourrait partager séparément chacune des trois unités en 7 parties, ce qui donnerait 3 fois 1 septième d'unité, c'est-à-dire 3 septièmes, qui s'écrivent $\frac{3}{7}$: donc la fraction $\frac{3}{7}$ représente 3 fois la septième partie de l'unité, ou la septième partie de 3 unités.

REMARQUES. — Ce qui précède donne lieu aux observations suivantes :

1° Le numérateur est un véritable dividende, et le dénominateur un véritable diviseur. Par conséquent, au lieu d'écrire 5 : 6 pour indiquer la division de 5 par 6, on peut écrire $\frac{5}{6}$, qu'on énonce en disant 5 sixièmes, ou 5 sur 6.

2° Lorsque la division de deux nombres entiers laisse un reste, il suffit, pour avoir le quotient exact, d'ajouter au quotient trouvé une fraction ayant pour numérateur le reste, et pour dénominateur le diviseur.

Par exemple, le quotient complet de 17 divisé par 5 est $3 + \frac{2}{5}$

65. Conversion d'une fraction ordinaire en fraction décimale. — Dans les calculs, on peut toujours remplacer une fraction ordinaire par une fraction décimale équivalente ou approchée ; cela donne l'avantage de n'avoir à effectuer les calculs que sur des nombres décimaux.

Pour convertir une fraction ordinaire en fraction décimale, on divise le numérateur suivi d'un nombre quelconque de zéros par le dénominateur, et on sépare sur la droite du quotient, par une virgule, autant de chiffres décimaux qu'on a employé de zéros dans la division.

Soit la fraction $\frac{7}{8}$. Elle exprime la huitième partie de 7 unités. On convertit les 7 unités en 70 dixièmes, ou 700 centièmes, ou 7000 millièmes, et l'on prend la huitième partie, en divisant 70, ou 700, ou 7000 par 8. On trouve $\frac{7}{8} = 0,875$. Ainsi 7 fois la huitième partie de l'unité valent 875 fois la millième partie de l'unité.

On trouverait de la même manière

$$\frac{1}{2} = 0,5 ; \quad \frac{1}{4} = 0,25 ; \quad \frac{3}{4} = 0,75.$$

Il est utile de retenir ces résultats par cœur.

66. Fraction périodique. — Dans la conversion d'une fraction ordinaire en fraction décimale, il se présente deux cas.

1° La division, poussée suffisamment loin, se termine, et alors la fraction décimale obtenue est la valeur exacte de la fraction ordinaire ; c'est ce qui a lieu pour les fractions du numéro précédent.

2° La division ne se termine jamais et laisse toujours un reste. Car si on prolonge l'opération assez loin, on finit par obtenir au quotient des chiffres qui reviennent régulièrement dans le même ordre : c'est ce que nous avons déjà appelé fraction périodique (n° 58).

Par exemple, on trouve

$$\frac{1}{3} = 0,3333.... ; \quad \frac{1}{9} = 0,1111... ; \quad \frac{3}{7} = 0,428571428571....$$

Dans ce cas, on ne peut avoir en fraction décimale qu'une valeur approchée de la fraction ordinaire. En prenant, par exemple, 0,428 pour la fraction $\frac{3}{7}$, on a une valeur qui diffère de la véritable d'une quantité moindre que 1 millième.

67. Principes sur les fractions. — Les principes suivants permettent d'effectuer très-simplement les calculs sur les fractions ordinaires.

1° Quand on rend le numérateur un certain nombre de fois plus grand ou plus petit, la fraction devient ce même nombre de fois plus grande ou plus petite.

En effet, le numérateur indiquant le nombre d'unités fractionnaires contenues dans la fraction, il est évident que si ce nombre d'unités devient 2 fois, 3 fois plus grand, la fraction devient par là même 2 fois, 3 fois plus grande.

2° Quand on rend le dénominateur un certain nombre de fois plus grand ou plus petit, la fraction devient ce même nombre de fois plus petite ou plus grande.

Soit la fraction $\frac{2}{3}$. Si on multiplie 3 par 4, la fraction $\frac{2}{12}$ ainsi obtenue sera 4 fois plus petite que $\frac{2}{3}$.

En effet, si on partage chaque tiers de l'unité en 4 parties égales, l'unité est divisée en 12 parties égales, ce qui montre que 1 douzième est 4 fois plus petit que 1 tiers. Donc 2 douzièmes valent aussi 4 fois moins que 2 tiers.

3° Une fraction ne change pas de valeur, quand on multiplie ou qu'on divise ses deux termes par un même nombre

Ce principe est une conséquence des deux précédents. En effet si on multiplie le numérateur d'une fraction par 7, la fraction devient 7 fois plus grande; mais si on multiplie le dénominateur par 7, la fraction devient 7 fois plus petite.

La nouvelle fraction contient 7 fois plus d'unités fractionnaires que la première; mais les unités fractionnaires de la seconde sont 7 fois plus faibles que les unités fractionnaires de la première.

68. Multiplication et division d'une fraction par un nombre entier. — Des principes qui précèdent résulte la règle suivante :

Pour rendre une fraction un certain nombre de fois plus grande, il faut multiplier son numérateur par ce nombre. On peut aussi diviser le dénominateur par ce nombre, quand la division se fait exactement.

Pour rendre une fraction un certain nombre de fois plus petite, il faut multiplier son dénominateur par ce nombre. On

*peut aussi diviser le numérateur par ce nombre, quand la
division se fait exactement.*

69. Addition et soustraction des fractions. — 1° Si on
se rappelle que le dénominateur n'est autre chose que le *nom de
l'unité fractionnaire écrit en chiffres*, on voit que, *pour faire
l'addition ou la soustraction des fractions qui ont le même dé-
nominateur, il faut additionner ou soustraire seulement les
numérateurs, et écrire au-dessous du résultat le dénominateur
commun.*

1er EXEMPLE. — *On demande la longueur totale formée par trois
règles ayant la première* $\frac{3}{8}$ *de mètre, la seconde* $\frac{7}{8}$ *de mètre,
et la troisième* $\frac{5}{8}$ *de mètre.*

La longueur cherchée contient 3 huitièmes plus 7 huitièmes
plus 5 huitièmes, c'est-à-dire 15 huitièmes de mètre ; ce qu'on
écrit ainsi :

$$\frac{3}{8} + \frac{7}{8} + \frac{5}{8} = \frac{15}{8}.$$

2e EXEMPLE. — *Des* $\frac{7}{8}$ *d'une pièce d'étoffe, on a retranché* $\frac{5}{8}$
de la pièce ; que reste-t-il ?

Il est évident qu'il faut ôter 5 huitièmes de 7 huitièmes, et
qu'il reste 2 huitièmes de la pièce. C'est ce qu'on écrit ainsi :

$$\frac{7}{8} - \frac{5}{8} = \frac{2}{8}.$$

2° Lorsque les fractions à additionner ou à soustraire ont des
dénominateurs différents, on ne peut pas suivre la règle précé-
dente ; car il n'est pas possible d'additionner ensemble des nom-
bres exprimant des unités fractionnaires différentes, par exem-
ple des tiers de mètre avec des quarts de mètre.

On est alors obligé de convertir d'abord ces fractions en d'au-
tres fractions qui leur sont équivalentes et ayant toutes le même
dénominateur ; on opère ensuite d'après la règle précédente.

70. Réduction des fractions au même dénominateur.
— 1° *Pour réduire deux fractions au même dénominateur, on multiplie les deux termes de chacune par le dénominateur de l'autre.*

Soient, par exemple, les fractions $\frac{3}{4}$ et $\frac{5}{8}$. On multiplie 3 et 4 par 8 ; puis 5 et 8 par 4. On trouve ainsi $\frac{24}{32}$ $\frac{20}{32}$.

Ces nouvelles fractions ont la même valeur que les deux premières ; car pour les obtenir on a multiplié par un même nombre les deux termes de chacune des fractions proposées.

2° *Pour réduire plusieurs fractions au même dénominateur, il faut multiplier les deux termes de chacune par le produit obtenu en multipliant entre eux les dénominateurs de toutes les autres fractions.*

Soit à réduire au même dénominateur les fractions :

$$\frac{1}{2} \qquad \frac{3}{4} \qquad \frac{5}{6} \qquad \frac{7}{8}$$

On multipliera

les deux termes de la 1re par $4 \times 6 \times 8 = 192,$
ceux de la 2e par $2 \times 6 \times 8 = 96,$
ceux de la 3e par $2 \times 4 \times 8 = 64,$
ceux de la 4e par $2 \times 4 \times 6 = 48.$

On peut disposer le calcul de la manière suivante :

$$
\begin{array}{cccc}
192 & 96 & 64 & 48 \\
\dfrac{1}{2} & \dfrac{3}{4} & \dfrac{5}{6} & \dfrac{7}{8} \\
\dfrac{192}{384} & \dfrac{288}{384} & \dfrac{320}{384} & \dfrac{336}{384}
\end{array}
$$

71. Propriété que doit avoir un nombre pour qu'il puisse être pris pour dénominateur commun. — La règle précédente a le défaut de donner un dénominateur commun souvent assez fort. Lorsqu'on peut trouver *un nombre divisible* *par tous les dénominateurs* (*), on peut le prendre pour dénominateur commun.

Pour cela on le divise par le dénominateur de chaque fraction, et on multiplie les deux termes de la fraction par le quotient correspondant.

Ainsi dans l'exemple précédent, 24 étant divisible par les dénominateurs 2, 4, 6 et 8, pourra être pris pour dénominateur commun.

On multiplie les deux termes de la 1re par 12,

$$\text{ceux de la } 2^e \text{ par } 6,$$
$$\text{ceux de la } 3^e \text{ par } 4,$$
$$\text{ceux de la } 4^e \text{ par } 3.$$

On trouve ainsi

$$\frac{12}{24} \qquad \frac{18}{24} \qquad \frac{20}{24} \qquad \frac{21}{24}$$

72. Extraction des entiers contenus dans un nombre fractionnaire. — La somme $\frac{15}{8}$ est plus grande que l'unité entière, puisqu'il ne faut que 8 huitièmes de mètre pour faire 1 mètre.

Pour savoir combien il y a d'unités entières dans un nombre fractionnaire, on divise le numérateur par le dénominateur ; le quotient est le nombre d'unités entières, et le reste indique combien il y a encore d'unités fractionnaires.

On a ainsi

$$\frac{15}{8} = 1 + \frac{7}{8} \text{ ou } 1\frac{7}{8}.$$

On trouverait de même

$$\frac{23}{9} = 2 + \frac{5}{9} \text{ ou } 2\frac{5}{9}.$$

73. Simplification des fractions. — Lorsque les deux termes

(*) On dit qu'un nombre est *divisible* par un autre, lorsque la division du premier par le deuxième se fait sans reste. On dit aussi que le premier est *multiple* du deuxième, c'est-à-dire qu'il le contient un nombre entier de fois.

d'une fraction sont des nombres assez grands, comme dans $\frac{288}{384}$, on ne peut pas se faire une idée bien nette de sa grandeur.

Or il est quelquefois possible de remplacer cette fraction par une fraction équivalente, ayant des termes plus simples.

Pour simplifier une fraction, on divise ses deux termes par un même nombre qui ne laisse pas de reste ; puis, si c'est possible, les deux termes de la nouvelle fraction par ce nombre, ou par un autre, et ainsi de suite, jusqu'à ce qu'on ne trouve plus de nombre pouvant diviser exactement les deux termes.

Ainsi en divisant successivement par 2 les termes de la fraction $\frac{288}{384}$, on a les fractions équivalentes

$$\frac{288}{384} = \frac{144}{192} = \frac{72}{96} = \frac{36}{48} = \frac{18}{24} = \frac{9}{12}.$$

En divisant ensuite par 3 les deux termes de la dernière $\frac{9}{12}$, on obtient la fraction $\frac{3}{4}$, qui ne peut plus être simplifiée.

74. Divisibilité par 2, 5, 3, 9. — Il est facile de reconnaître si un nombre est divisible par 2, 3, 5, ou 9.

Un nombre est divisible par 2, quand il est terminé par un des chiffres 0, 2, 4, 6, 8.

Un nombre est divisible par 5, quand il est terminé par 0 ou par 5.

Un nombre est divisible par 3, quand la somme de ses chiffres est divisible par 3.

Un nombre est divisible par 9, quand la somme de ses chiffres est divisible par 9.

Nous nous bornons ici à indiquer ces caractères de divisibilité, en renvoyant la démonstration à la IIe partie du traité.

75. Multiplication et division par un nombre fractionnaire. — Quand l'étude de l'arithmétique a pour but principal la résolution des problèmes, il n'est pas absolument nécessaire de charger la mémoire des enfants des règles de la multiplication et de la division par un nombre fractionnaire. On peut toujours réduire ces opérations à la multiplication et à la division par un nombre entier, comme on va le montrer par les deux exemples suivants.

EXEMPLES. — 1° *On a acheté 6 kilogrammes $\frac{5}{8}$ d'une marchandise au prix de 4^{fr},62; quelle somme doit-on payer?*

D'abord 1 huitième de kilogr. coûtera $\dfrac{4,62}{8} = 0^{fr},5775$.

3 huitièmes coûteront $0^{fr},5775 \times 3 = 1^{fr},7325$
6 kilogr. coûteront $4^{fr},62 \times 6 = 27^{fr},72$
La somme demandée est $29^{fr},45$

2° *Un ruban a une longueur de $\frac{11}{12}$ de mètre, et on veut le couper en parties égales de $\frac{3}{8}$ de mètre; en combien de parties sera-t-il divisé?*

On réduit d'abord ces deux fractions au même dénominateur. En suivant la 3e règle du n° 71, on trouve $\dfrac{22}{24}$ et $\dfrac{9}{24}$.

Pour trouver ensuite combien 9 vingt-quatrièmes de mètre sont contenus de fois dans 22 vingt-quatrièmes de mètre, il suffit évidemment de diviser 22 par 9, ce qui donne 2 pour quotient, avec un reste de 4 vingt-quatrièmes.

Ainsi on aura 2 parties longues chacune de $\frac{3}{8}$ de mètre, et un reste de $\frac{4}{24}$ de mètre, ou $\frac{1}{6}$ de mètre.

Observation. — Ici se termine l'arithmétique telle qu'elle doit être enseignée dans les écoles primaires, et la classe préparatoire de l'enseignement spécial. Cependant, pour nous conformer à l'usage, nous allons, en finissant, exposer la multiplication et la division par un nombre fractionnaire.

76. Définition générale de la multiplication. — En combinant ce qui a été dit de la multiplication aux n°s 28 et 41, on peut donner de cette opération une définition générale qui, est la suivante :

La multiplication d'un nombre par un autre est une opération par laquelle on cherche un troisième nombre qui soit composé avec le premier comme le second est composé avec l'unité.

RÈGLE POUR LA MULTIPLICATION PAR UN NOMBRE FRACTIONNAIRE. — *1° Pour multiplier un nombre entier par un nombre fractionnaire, il faut multiplier le nombre entier par le numérateur, et conserver au produit le même dénominateur.*

Soit $4 \times \dfrac{3}{7}$. Comme le multiplicateur contient 3 fois la 7e partie de l'unité, le produit doit contenir 3 fois la 7e partie du multiplicande 4.

Or la 7e partie du multiplicande est $\dfrac{4}{7}$.

3 fois la 7e partie du multiplicande valent donc $\dfrac{4 \times 3}{7}$.

Ce résultat démontre la règle énoncée.

2° *Pour multiplier deux nombres fractionnaires entre eux, on multiplie les deux numérateurs entre eux et les deux dénominateurs entre eux.*

Soit $\dfrac{4}{5} \times \dfrac{3}{7}$. Le multiplicateur contenant 3 fois la 7e partie de l'unité, le produit doit contenir 3 fois la 7e partie du multiplicande $\dfrac{4}{5}$.

D'après le n° 69, la 7e partie du multiplicande est $\dfrac{4}{5 \times 7}$.

3 fois la 7e partie du multiplicande valent donc $\dfrac{4 \times 3}{5 \times 7}$.

Le produit ainsi obtenu démontre la règle.

77. Définition générale de la division. — On a vu (n° 58) que lorsque le diviseur est un nombre fractionnaire, on ne doit plus attacher à la division l'idée de partage, et qu'il la faut considérer seulement comme *une opération par laquelle,* *deux nombres étant donnés, on en cherche un troisième qui multiplié par le second reproduit le premier.*

RÈGLE POUR LA DIVISION PAR UN NOMBRE FRACTIONNAIRE. — 1° *Pour diviser un nombre entier par un nombre fractionnaire, il faut multiplier le nombre entier par le nombre fractionnaire renversé.*

Soit $4 : \dfrac{3}{7}$. Diviser 4 par $\dfrac{3}{7}$, c'est chercher un nombre qui multiplié par $\dfrac{3}{7}$ donne 4. Or quand on multiplie un nombre par $\dfrac{3}{7}$, le produit obtenu ne vaut que 3 fois la 7e partie du nombre.

Par conséquent le dividende 4 vaut aussi 3 fois la 7e partie du quotient inconnu.

3 fois la 7e partie du quotient valent $\qquad$ 4.

1 fois la 7e partie du quotient vaut $\qquad \dfrac{4}{3}$

Le quotient est donc $\qquad \dfrac{4 \times 7}{3}.$

Ce résultat est la même chose que $4 \times \dfrac{7}{3}$, ce qui démontre la règle.

2° *Pour diviser deux nombres fractionnaires entre eux, il faut multiplier le dividende par le nombre fractionnaire diviseur renversé.*

La démonstration est exactement la même que pour le cas précédent. En effet soit $\dfrac{4}{5} : \dfrac{3}{7}$; le dividende est les $\dfrac{3}{7}$ du quotient.

3 fois la 7e partie du quotient valent $\qquad \dfrac{4}{5}$;

1 fois la 7e partie du quotient vaut $\qquad \dfrac{4}{5 \times 3}$;

Le quotient est donc $\qquad \dfrac{4 \times 7}{5 \times 3}.$

Ce résultat étant la même chose que $\dfrac{4}{5} \times \dfrac{7}{3}$ démontre la règle.

REMARQUE. — *Quand les deux nombres fractionnaires ont le même dénominateur, le quotient est égal au numérateur du dividende divisé par le numérateur du diviseur.*

En effet, soit $\dfrac{4}{5} : \dfrac{3}{5}$. Si on supprime le dénominateur commun, les deux fractions deviennent 5 fois plus grandes ; on sait que dans ce cas leur quotient ne change pas (n° 51). Donc le quotient de $\dfrac{4}{5} : \dfrac{3}{5}$ est le même que celui de $4 : 3$; il est par conséquent $\dfrac{4}{3}$.

78. Remarque sur la multiplication et la division. — Quand les deux nombres donnés dans ces deux opérations se composent d'un nombre entier accompagné d'une fraction, il faut d'abord convertir ce nombre entier et la fraction en un seul nombre fractionnaire. Pour cela *on multiplie le nombre entier par le dénominateur de la fraction et on ajoute le numérateur au produit, en conservant le dénominateur.*

Soit $4\,\dfrac{2}{3} : 5\,\dfrac{7}{8}$. Les 4 unités du dividende valent 4 fois 3 tiers qui, ajoutés à 2 tiers, font $\dfrac{14}{3}$. De même 5 unités font 5 fois 8 huitièmes qui, ajoutés à 7 huitièmes, font $\dfrac{47}{8}$.

On a donc $\dfrac{14}{3} : \dfrac{47}{8} = \dfrac{14 \times 8}{3 \times 47} = \dfrac{112}{141}$.

PROBLÈMES.

61. Trois règles sont placées en ligne droite les unes à la suite des autres. La première a une longueur de $\frac{1}{3}$ de mètre ; la seconde $\frac{5}{4}$ de mètre, et la troisième $1^m\frac{1}{2}$. Trouver la longueur totale.

62. D'un ruban qui avait $2^m\frac{3}{4}$ on retranche $1^m\frac{5}{6}$: que reste-t-il ?

63. Un homme interrogé sur son âge répond que s'il pouvait vivre encore un nombre d'années égal aux $\frac{2}{3}$ de son âge actuel, il ne mourrait qu'à 100 ans. Quel est cet âge?

64. Un homme venait de vendre un objet, et comme on lui demandait le prix qu'il avait retiré, il répondit : Je n'ai plus que les $\frac{2}{3}$ de la somme ; si j'en ôte la moitié de la somme et que je vous donne 6 francs, il ne me reste rien. Calculez le prix que j'ai retiré.

65. Trois coupons d'étoffe ont, le premier $2^m\frac{1}{4}$, le second $1^m\frac{2}{3}$, le troisième $\frac{5}{6}$ de mètre. On achète le tout au prix de 4 francs le mètre. Que doit-on payer ?

66. Une personne au marché dépense pour un premier achat les $\frac{2}{5}$ de son argent, puis le $\frac{1}{3}$ de ce qui lui reste, et elle revient ayant encore 6 fr. Quelle somme avait-elle en partant ?

67. Un coupon de dentelle de $\frac{7}{8}$ de mètre a coûté $5^{fr},45$; combien coûterait un autre coupon ayant $\frac{5}{6}$ de mètre ?

68. Un homme emploie $\frac{5}{4}$ d'heure pour faire les $\frac{2}{9}$ d'un ouvrage : quel temps lui faut-il pour faire l'ouvrage entier ?

69. Un débiteur promet de payer au bout d'un an les $\frac{3}{8}$ d'une dette ; il donne alors 536 fr. Quelle était cette dette?

70. Un homme propose de faire un certain ouvrage en 4 jours ; un autre en 5 jours seulement. Combien leur faudra-t-il de temps, s'ils y travaillent ensemble ?

71. Un voyageur doit se rendre d'une ville à une autre en 4 jours. Le premier jour, il parcourt le $\frac{1}{4}$ de la distance ; le second jour, le $\frac{1}{3}$; le troisième jour, le $\frac{1}{5}$, et pour le quatrième jour, il n'a plus que 15 kilomètres à parcourir. Quelle est la distance de ces deux villes ?

72. Deux personnes ont acheté, l'une $7^{kgr}\frac{3}{4}$ d'une marchandise, et l'autre $2^{kgr}\frac{5}{8}$ de la même marchandise ; la première a payé 9 francs de plus que la seconde. Chercher le prix du kilogramme.

73. Combien coûteront $2^m\frac{1}{3}$ d'étoffe, si $\frac{5}{4}$ de mètre ont coûté 7 fr. ?

74. On a payé $5^{fr},65$ pour 2 litres $\frac{3}{4}$ d'eau-de-vie ; combien coûteront 5 litres ?

75. Une montre qui avance de 6 minutes $\frac{1}{2}$ par jour (en 24 heures) a été réglée un jour à midi. Quelle heure marquera-t-elle à midi le surlendemain ?

76. Un homme a dépensé les $\frac{5}{9}$ d'une somme qu'il venait de retirer ; il prête 6 francs à un ami qui en a besoin, et il revient ayant encore 18 francs. Quelle est la somme qui lui avait été donnée ?

77. On a vendu pour $1^{fr},50$ la moitié d'un ruban qui avait une longueur de $\frac{7}{8}$ de mètre. Quel aurait été le prix d'un ruban de 1 mètre ?

78. Le prix d'un kilogramme de sucre étant de $1^{fr},45$, combien doit-on payer pour un morceau qui pèse $\frac{3}{4}$ de kilogramme et un demi-quart de kilogramme ?

79. On a distribué une somme à quatre personnes. La première en a eu $\frac{1}{3}$; la seconde $\frac{1}{5}$, et la troisième $\frac{1}{7}$; la quatrième a pris le reste qui s'élevait à 25 fr. Quelle était la somme à partager ?

80. Une classe contient 4 tables. Le nombre d'élèves assis à la première est le $\frac{1}{4}$ du nombre total des élèves de la classe ; le nombre de ceux qui sont à la seconde en est les $\frac{5}{12}$; le nombre de ceux qui sont à la troisième en est les $\frac{5}{18}$, et il n'y a que 2 élèves à la quatrième. Quel est le nombre des élèves de la classe ?

CHAPITRE VII

SYSTÈME MÉTRIQUE.

79. Système métrique. — Le *système métrique* est l'ensemble des mesures qui ont le *mètre* pour base. Elles ont été établies pour remplacer d'anciennes mesures qui étaient beaucoup moins simples, et dont l'usage est aujourd'hui interdit par la loi.

Ce système contient des mesures de six espèces : 1° des mesures de *longueur* ; 2° des mesures de *surface* ; 3° des mesures de *volume* ; 4° des mesures de *capacité* ; 5° des mesures pour le *poids* ; 6° des mesures pour la valeur des *monnaies*.

80. Surface ; carré. — Volume ; cube. — Tous les enfants ont l'idée d'une longueur, d'un poids et d'une monnaie ; mais il est nécessaire d'expliquer ce que c'est qu'une surface et un volume.

La surface d'un corps est l'espace occupé par ce corps en longueur et en largeur. Ainsi quand on parle de la surface d'une table, d'un champ, il n'est question que de l'étendue de cette table ou de ce champ en longueur et en largeur, sans tenir compte de l'épaisseur.

Toutes les surfaces ne sont pas *planes* comme celle d'une table ; il y a aussi des surfaces *courbes*, par exemple celle d'un tuyau, d'une boule.

On appelle *carré* une figure plane formée par quatre lignes droites égales et perpendiculaires l'une à l'autre. On dit que deux lignes droites sont *perpendiculaires* entre elles, quand l'une ne penche pas plus à droite qu'à gauche sur la seconde.

Le volume d'un corps est l'espace qu'occupe ce corps en longueur, en largeur et en hauteur.

Lorsqu'il s'agit du volume intérieur d'un corps creux, on l'appelle *capacité*. Ainsi on dit le volume d'un tas de pierres, la capacité d'un bassin.

On appelle *cube* un corps formé par six carrés égaux. Une boîte, une caisse dont les six faces sont des carrés égaux sont des cubes. La longueur est égale à la largeur et à la hauteur. Les lignes sur lesquelles se joignent les faces sont les *arêtes* du cube ; il y en a douze qui sont toutes égales.

81. Mesures principales. — Les mesures principales comprises dans le système métrique sont :

1° le *mètre* pour les longueurs ;

2° le *mètre carré* pour les surfaces peu étendues, comme celle d'un plancher, et l'*are* pour la surface des champs ;

3° le *mètre cube* pour le volume des corps ; il prend le nom de *stère* quand il s'agit du volume du bois de chauffage ;

4° le *litre* pour la capacité d'un vase, d'un bassin, etc.;

5° le *gramme* pour le poids des corps ;

6° le *franc* pour la monnaie.

Le mètre est une longueur qui est contenue 40 millions de fois dans le tour de la terre (*).

Le mètre carré est un carré dont les côtés ont 1 mètre ; l'are est un carré dont les côtés ont 10 mètres.

Le mètre cube est un cube qui a 1 mètre sur ses trois dimensions.

Le litre est la contenance d'un décimètre cube, c'est-à-dire d'un cube creux qui aurait intérieurement un dixième de mètre en longueur, en largeur et en profondeur.

Le gramme est le poids de l'eau distillée qui remplirait un centimètre cube, c'est-à-dire un cube qui aurait intérieurement un centième de mètre en longueur, en largeur et en profondeur.

Cette eau doit être à la température de 4 degrés du thermomètre (**).

Le franc est une pièce d'argent qui pèse 5 grammes et qui renferme la dixième partie de son poids en cuivre.

(*) Voir la note I sur le système métrique, page 82.
(**) Voir la note II sur le système métrique, page 84.

82. Multiples et subdivisions des mesures principales.

— Une seule mesure de chaque espèce n'étant pas suffisante, on en a établi de plus grandes, qui valent 10 fois, 100 fois, 1000 fois 10000 fois l'unité principale de chaque espèce, et de plus petites, qui en sont la 10e partie, la 100e partie, la 1000e partie.

La 10e partie, la 100e partie, la 1000e partie de l'unité principale sont désignées par les mots *déci*, *centi*, *milli*, qu'on fait suivre du nom de cette unité. Ainsi *décimètre*, *centilitre*, *milligramme* signifient dixième de mètre, centième de litre, millième de gramme (n° 14).

On désigne les mesures qui valent 10 fois, 100 fois, 1000 fois et 10000 fois l'unité principale en mettant devant le nom de cette unité les mots grecs *déca*, *hecto*, *kilo*, *myria*, qui signifient dix, cent, mille, dix mille. Ainsi *décamètre*, *hectolitre*, *kilogramme*, *myriagramme* signifient une dizaine de mètres, une centaine de litres, mille grammes, dix mille grammes.

Ces noms ne sont pas tous employés avec chaque unité principale du système métrique, excepté avec le mètre et le gramme, et même on se sert peu du mot *myriagramme*. On dit de préférence dix kilogrammes.

Dans les mesures de surface on n'emploie avec l'are que l'hectare et le centiare. Dans les mesures de capacité, on n'emploie avec le litre que le décalitre, l'hectolitre, le décilitre et le centilitre. Avec le stère, on emploie le décistère seulement. Pour le franc, l'usage n'a adopté que les mots déci et centi, en désignant le dixième et le centième du franc par *décime* et *centime*.

83. Manière d'écrire les nombres exprimant des unités métriques.

— Les multiples et les subdivisions de chaque mesure principale du système métrique n'étant autre chose que des dizaines, des centaines, des mille, des dizaines de mille, et des dixièmes, des centièmes, des millièmes de l'unité principale, il en résulte qu'il n'y a aucune difficulté à écrire un nombre contenant ces unités. Il suffit de se rappeler que *myria* signifie dizaine de mille, que *kilo* signifie mille, etc.

Ainsi pour 3 kilomètres 25 mètres on écrira 3025 mètres ; et si on veut regarder le kilomètre comme l'unité, on aura 3km,025. De même pour 6 hectolitres 48 centilitres on écrira 600lit,48, et si on veut conserver l'hectolitre pour unité, on aura 6^{hl},0048.

84. Avantages des mesures métriques. — Ces nouvelles mesures présentent un grand avantage sur les anciennes, qui exigeaient des calculs fort ennuyeux, surtout dans la multiplication et la division. L'exemple suivant le montrera clairement.

Un menuisier a posé une boiserie autour d'un appartement dont le tour a 7 toises 5 pieds 9 pouces ; quelle somme recevra-t-il, le prix étant de 4 fr. la toise courante, c'est-à-dire en ne considérant que la longueur ?

La toise, ancienne mesure de longueur, se divisait en 6 pieds et le pied en 12 pouces (*).

7 toises coûteront
$$4^{fr} \times 7 = 28^{fr}$$

5 pieds étant les $\frac{5}{6}$ d'une toise, le prix pour 5 pieds sera 5 fois la 6e partie de 4^{fr} ou
$$\frac{4}{6} \times 5 = \frac{20^{fr}}{6} =: 3^{fr}\frac{2}{6}$$

Le pouce étant la 12e partie du pied, est la 72e partie de la toise ; le prix pour 9 pouces sera donc 9 fois la 72e partie de 4^{fr} ou
$$\frac{4}{72} \times 9 = \frac{36}{72} = \frac{1}{2}$$

La somme cherchée est
$$31^{fr} + \frac{2}{6} + \frac{1}{2}$$

ou en réduisant les deux fractions au même dénominateur,
$$51^{fr}\frac{5}{6}.$$

Résolvons maintenant la même question en employant les nouvelles mesures.

Évalué en mètres, le tour de l'appartement est égal à 15^m,51. D'un autre côté, le prix du mètre serait 2^{fr},05. Pour trouver la somme demandée, il n'y a qu'à multiplier 2^{fr},05 par 15,51, ce qui donne 31^{fr},79.

Entre ce résultat et le précédent, il y a une petite différence ; car $\frac{5}{6}$ de franc valent 83 centimes. Cela vient de ce que le nombre

(*) Voir la fin de la Note I. page 84.

de mètres 15^m,51 et le nombre de francs 2^{fr},05 sont un peu trop faibles ; car on a négligé sur le nombre de mètres une petite longueur moindre que 1 centimètre, et sur le prix du mètre une quantité moindre que 1 centime.

MESURES DE LONGUEUR.

85. Usage des mesures de longueur. — Pour compléter ce qui a été déjà dit sur les mesures de longueur, il suffit d'ajouter ce qui suit.

Le décamètre est la longueur de la chaîne d'arpenteur.

Le kilomètre et le myriamètre sont employés pour évaluer les grandes distances sur les routes ; c'est pour cela qu'on les appelle *mesures itinéraires*. Les kilomètres y sont marqués par des bornes en pierre séparées par des intervalles de 1000 mètres. On trouve même les hectomètres indiqués par des bornes plus petites. On compte plus souvent par kilomètres que par myriamètre. Un homme marchant d'un pas soutenu fait environ 5 kilomètres par heure.

Une autre mesure itinéraire fort usitée, quoiqu'elle ne soit pas comprise dans le système métrique, est la *lieue* ; c'est une longueur qui était de 4444 mètres, et qu'on a pris l'habitude de réduire à 4 kilomètres.

MESURES DE SURFACE.

86. Subdivisions du mètre carré. — Mesurer une surface, c'est chercher combien elle contient de mètres carrés, de décimètres carrés, de centimètres carrés et de millimètres carrés.

Le mètre carré est un carré dont les côtés ont un mètre de longueur ; le décimètre carré est un carré dont les côtés ont un décimètre de longueur. De même le centimètre carré et le millimètre carré sont des carrés dont les côtés ont un centimètre, un millimètre.

Le mètre carré contient 100 décimètres carrés ; le décimètre carré contient 100 centimètres carrés, et le centimètre carré contient 100 millimètres carrés.

En effet, supposons que la figure ABCD (fig. 2) représente un mètre carré. Divisons ses quatre côtés en 10 parties égales, qui auront par conséquent 1 décimètre de longueur. Menons en-

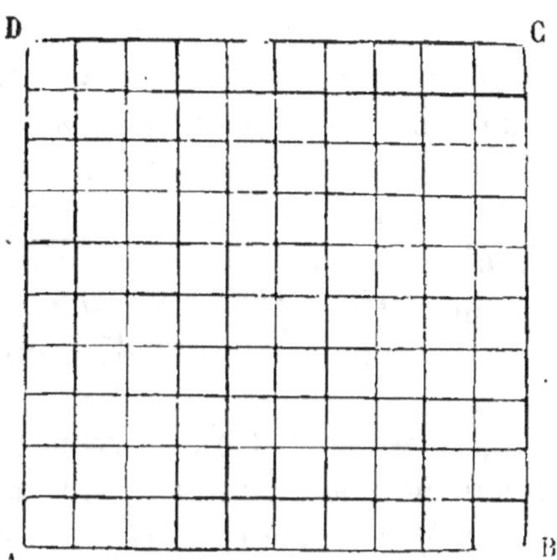

Fig. 2.

suite entre les côtés opposés des droites qui unissent les points de division correspondants. Le mètre carré se trouve ainsi décomposé en 100 carrés ayant tous 1 décimètre de côté ; donc le mètre carré contient 100 décimètres carrés.

En regardant le carré ABCD comme ayant 1 décimètre de côté, on voit que le décimètre carré contient 100 centimètres carrés. On trouvera de la même manière que le centimètre carré contient 100 millimètres carrés.

Ainsi, quoique le décimètre soit la dixième partie du mètre, le centimètre la centième partie du mètre, le décimètre carré est la centième partie du mètre carré, le centimètre carré est la centième partie du décimètre carré, et la dix-millième partie du mètre carré. Enfin le millimètre carré est la centième partie du centimètre carré, la dix-millième partie du décimètre carré, et la millionième partie du mètre carré.

87. Règle pour lire une fraction décimale de mètre carré. — Lorsqu'on a à énoncer une fraction décimale de mètre carré, au lieu d'indiquer combien elle contient de dixièmes, de centièmes, de millièmes, etc., de mètre carré, il vaut mieux indiquer combien elle contient de décimètres carrés, de centimètres carrés, etc. On donne ainsi une idée plus nette de la grandeur de la fraction.

RÈGLE. — *Pour lire une fraction décimale de mètre carré, on la sépare en tranches de deux chiffres à partir de la virgule, et s'il ne reste qu'un chiffre pour la dernière, on la complète par un zéro. On lit ensuite chaque tranche en disant décimètres carrés après la première, centimètres carrés après la deuxième, et millimètres carrés après la troisième.*

Par exemple le nombre $28^{mq},54673$ (*) se lira ainsi :

28 mètres carrés 54 décimètres carrés 67 centimètres carrés 30 millimètres carrés.

En effet les 54 centièmes de mètre carré sont des décimètres carrés ; les 67 dix-millièmes de mètre carré sont des centimètres carrés, et les 30 millionièmes de mètre carré sont des millimètres carrés.

88. Règle pour écrire un nombre exprimant des unités métriques de surface. — *Pour écrire un nombre qui exprime des mètres carrés, des décimètres carrés, etc., on met une virgule à droite du nombre de mètres carrés, et on écrit le reste du nombre à la suite, de manière que le chiffre qui termine le nombre des décimètres carrés soit au second rang à droite de la virgule, celui des centimètres carrés au quatrième rang, et celui des millimètres carrés au sixième. Les chiffres qui manqueraient doivent être remplacés par des zéros.*

Par exemple si la surface d'une table a 1 mètre carré 2 décimètres carrés et 8 centimètres carrés, on écrit $1^{mq},0208$.

89. Surface du carré. — *Pour trouver la surface d'un carré, il suffit de multiplier par lui-même le nombre qui exprime la longueur du côté.*

Le produit exprime des mètres carrés, si le mètre a été pris pour unité de longueur ; des décimètres carrés, si le décimètre a été pris pour unité de longueur, etc.

(*) L'abréviation *mq* signifie mètre carré, et plus loin *mc* signifie mètre cube.

En effet supposons que le carré ABCD (fig. 3) ait 4 mètres de longueur. Si on divise les côtés en 4 parties égales, et qu'on joigne les points de division correspondants par des lignes droites menées entre les côtés opposés, ou voit que le carré contient 4 fois 4 mètres carrés, c'est-à-dire 16 mètres carrés.

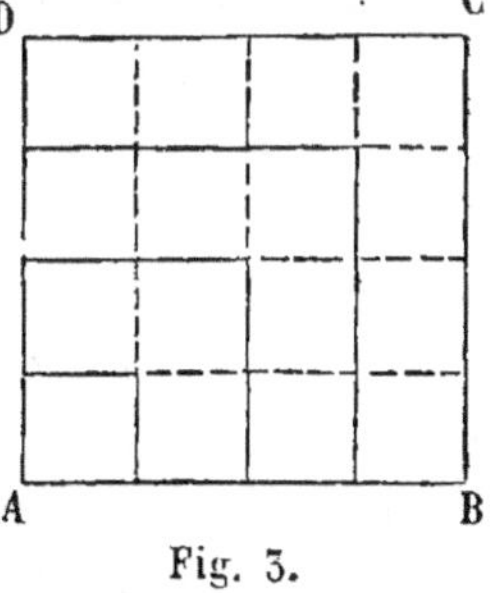

Fig. 3.

90. Surface du rectangle. — Il y a une autre figure plane qui est plus fréquemment employée, et dont il est par conséquent utile de savoir trouver la surface ; c'est celle d'une feuille de papier, d'une vitre, d'une porte. On l'appelle *rectangle ;* elle diffère du carré en ce que la longueur et la largeur sont inégales.

Pour trouver la surface d'un rectangle, il suffit de multiplier entre eux les deux nombres qui expriment la longueur et la largeur.

En effet supposons que le rectangle ABCD (fig. 4) représente un plancher ayant 5 mètres de longueur et 3 mètres de largeur. Si on mène des lignes droites comme dans le carré précédent, on trouve que ce carré contient 5 fois 3 mètres carrés, c'est-à-dire 15 mètres carrés.

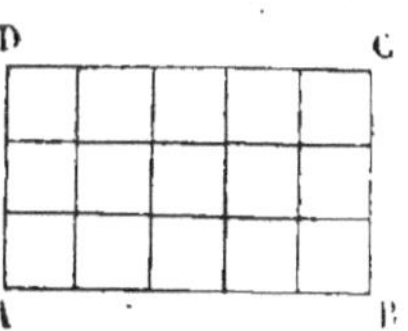

Fig. 4.

Ainsi le nombre d'unités contenues dans le produit de 5 par 3 indique le nombre d'unités de surface contenues dans le rectangle, ce qui démontre la règle.

91. Mesures agraires. — Pour la surface des champs on emploie une unité plus grande que le mètre carré ; c'est le *décamètre carré*, c'est-à-dire un carré dont les côtés ont 10 mètres : on l'appelle *are.*

L'are contient 100 mètres carrés. Cela est évident d'après ce qui a été dit au n° 86, si l'on regarde le carré ABCD comme ayant 10 mètres de côté. Le *centiare* n'est autre chose que le mètre carré.

L'*hectare* contient 100 ares. C'est un hectomètre carré, c'est-à-dire un carré qui a 100 mètres de côté. En effet si l'on regarde le carré ABCD du n° 86 comme ayant 100 mètres de côté, on trouve qu'il contient 100 ares.

L'hectare se composant de 100 ares, contient 100 fois 100 mètres carrés, c'est-à-dire 10000 mètres carrés ou centiares.

EXEMPLE. — *Calculer la surface d'un champ rectangulaire ayant une longueur de 234 mètres et une largeur de 158 mètres.*

D'après le n° 90, on trouve, pour la surface cherchée,

$$234 \times 158 = 36972 \text{ mètres carrés.}$$

Il est facile de convertir cette surface en hectares, ares et centiares, si l'on regarde un nombre de mètres carrés comme un nombre de centiares. *Pour cela on sépare sur sa droite deux tranches de deux chiffres. La partie qui reste à gauche exprime les hectares ; la tranche suivante, les ares ; et la dernière à droite, les centiares.*

D'après cette règle, on a

$36972^{mq} = 3$ hectares 69 ares 72 centiares

MESURES DE VOLUME.

92. Subdivisions du mètre cube. — Mesurer le volume d'un corps, c'est chercher combien il contient de mètres cubes, de décimètres cubes, de centimètres cubes et de millimètres cubes.

Le mètre cube est un cube dont les arêtes ont un mètre ; le décimètre cube est un cube dont les arêtes ont un décimètre. De même le centimètre cube et le millimètre cube sont des cubes dont l'arête a un centimètre, un millimètre.

Le mètre cube contient 1000 décimètres cubes ; le décimètre cube contient 1000 centimètres cubes, et le centimètre cube contient 1000 millimètres cubes.

En effet supposons qu'on ait tracé sur un plancher un mètre carré divisé par des lignes droites, comme dans la figure du n° 86, en 100 décimètres carrés. En posant un décimètre cube de bois ou de carton sur chaque décimètre carré, on forme une

tranche carrée ayant 1 mètre en longueur et en largeur, 1 déci-
mètre d'épaisseur et composée de 100 décimètres cubes. Si l'on
place 10 tranches pareilles les unes sur les autres, on aura
construit un mètre cube. Or comme chaque tranche con-
tient 100 décimètres cubes, le mètre cube en contient 10 fois
100, c'est-à-dire 1000 (fig. 5). Si l'on remplace le mètre carré
par le décimètre carré, et les décimètres
cubes par des centimètres cubes, on voit que
le décimètre cube contient 1000 centimètres
cubes. La même démonstration prouverait
que le centimètre cube contient 1000 milli-
mètres cubes.

Ainsi le décimètre cube est la millième
partie du mètre cube ; le centimètre cube est
la millième partie du décimètre cube et par

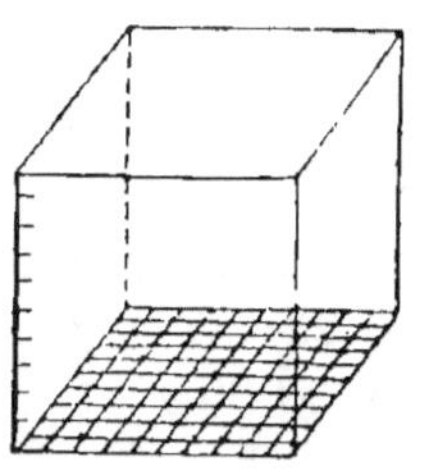

Fig. 5.

conséquent la millionième partie du mètre cube ; le millimètre
cube est la millième partie du centimètre cube, la millionième
partie du décimètre cube, et la billionième partie du mètre cube.

**93. Règle pour lire une fraction décimale de mètre
cube.** — Quand on doit lire une fraction décimale de mètre
cube, on donne une idée plus nette de sa grandeur en indiquant
le nombre de décimètres cubes, de centimètres cubes et de milli-
mètres cubes qu'elle contient, au lieu d'énoncer les dixièmes, les
centièmes.... de mètre cube.

RÈGLE. — *Pour lire une fraction décimale de mètre cube,
on la divise en tranches de trois chiffres à partir de la virgule,
et s'il ne reste qu'un ou deux chiffres pour la dernière, on la
complète par deux zéros ou un zéro. On lit ensuite chaque
tranche en disant* décimètres cubes *après la première ;* centi-
mètres cubes *après la seconde, et* millimètres cubes *après la
troisième.*

Par exemple le nombre 12^{mc},56478 se lira ainsi :

12 mètres cubes 564 décimètres cubes 780 centimètres
cubes.

En effet les 564 millièmes de mètre cube sont des décimètres
cubes, et les 780 millionièmes de mètre cube sont des centimè-
tres cubes.

94. Règle pour écrire un nombre exprimant des unités métriques de volume. — *Pour écrire un nombre qui exprime des mètres cubes, des décimètres cubes, etc., on met une virgule à droite du nombre de mètres cubes, et on écrit le reste du nombre à la suite, de manière que le chiffre qui termine le nombre des décimètres cubes soit au troisième rang après la virgule, celui des centimètres cubes au sixième, et celui des millimètres cubes au neuvième.*

Les chiffres qui manqueraient doivent être remplacés par des zéros.

Par exemple si le volume d'une pierre taillée avait 1 mètre cube 28 décimètres cubes et 9 centimètres cubes, on écrirait 1^{mc},028009.

95. Volume du cube. — *Pour trouver le volume d'un cube, il suffit de multiplier deux fois par lui-même le nombre qui exprime la longueur de son arête.* Le produit exprime des mètres cubes, si c'est le mètre qui a été pris pour unité de longueur ; des décimètres cubes, si c'est le décimètre, etc.

Cette règle se trouve démontrée par les explications du n° 92.

96. Volume d'un corps à six faces rectangulaires. — Il y a beaucoup de corps dont la forme diffère seulement de celle du cube, en ce que la longueur, la largeur et la hauteur sont inégales ; telles sont une caisse, une poutre équarrie, etc. Ces corps ont six faces rectangulaires.

Pour trouver le volume d'un corps à six faces rectangulaires, il suffit de multiplier la longueur par la largeur, et le résultat de cette multiplication par la hauteur.

Pour démontrer cette règle, on n'a qu'à répéter les explications données au n° 92, en remplaçant le mètre carré par le rectangle du n° 90, dont la surface représente 3 fois 5 décimètres carrés.

Si on recouvre chaque décimètre carré d'un décimètre cube de bois ou de toute autre matière, la tranche ainsi formée contiendra 3 fois 5 décimètres cubes. Donc, si au lieu d'une tranche on en met par exemple quatre les unes sur les autres, le volume du corps rectangulaire qui en résulte contient 4 fois 3 fois 5 décimètres cubes, c'est-à-dire $5 \times 3 \times 4 = 60$ décimètres cubes.

97. Stère. — Le stère n'est autre chose que le mètre cube. Pour former un stère de bois avec des bûches de 1 mètre de longueur, on les empile à une hauteur de 1 mètre entre deux montants verticaux plantés à 1 mètre de distance l'un de l'autre.

Si une pile de bois était formée de bûches ayant toute autre longueur, pour trouver le nombre de stères, on multiplierait la longueur de la pile par sa hauteur et par sa largeur, qui est la longueur des bûches.

Soit par exemple une pile de bois de $3^m,4$ de longueur et $2^m,5$ de hauteur, les bûches ayant $1^m,2$ de longueur. On trouvera pour volume

$$3,4 \times 2,5 \times 1,2 = 9^{mc},384.$$

Cette pile contient donc 9 stères et 3 décistères environ.

MESURES DE CAPACITÉ.

98. Le litre est la contenance d'un décimètre cube. Mais le litre dont on se sert dans le commerce n'a pas la forme cubique, parce qu'elle est peu commode ; c'est un cylindre creux (*)

Fig. 6.

d'étain dont la profondeur est double du diamètre. Il en est de même du décilitre, ainsi que du double litre et du double décilitre (fig. 6).

(*) On donne le nom de cylindre à un corps rond, comme un rouleau, un tuyau de poêle. Le cylindre est terminé à ses deux extrémités par deux cercles égaux. Un tonneau n'est pas un cylindre, parce qu'il est plus large en son milieu qu'à ses deux extrémités.

Les mesures employées pour les grains sont des cylindres de

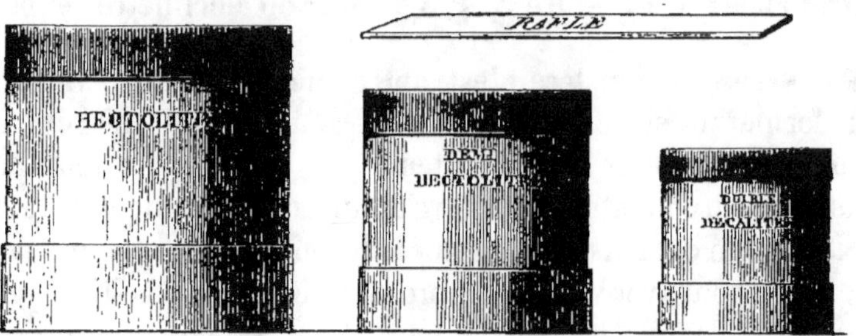

Fig. 7.

bois ayant une profondeur égale au diamètre (fig. 7). La plus usitée parmi ces mesures est le double décalitre.

Un mètre cube contient 1000 litres ou 10 hectolitres.

MESURES DE POIDS.

99. Les poids employés avec les balances sont de trois espèces. Ceux de 1, 2, 5, 10, 20 et 50 kilogrammes sont en fonte (fig. 8 et 9).

Fig. 8.

Fig. 9.

Ceux de 1 gramme jusqu'à 200 grammes sont en cuivre jaune, ayant la forme d'un cylindre surmonté d'un bouton (fig. 10).

Ceux qui sont inférieurs au gramme sont de petites plaques à quatre ou à huit côtés formées d'un métal blanc nommé aluminium.

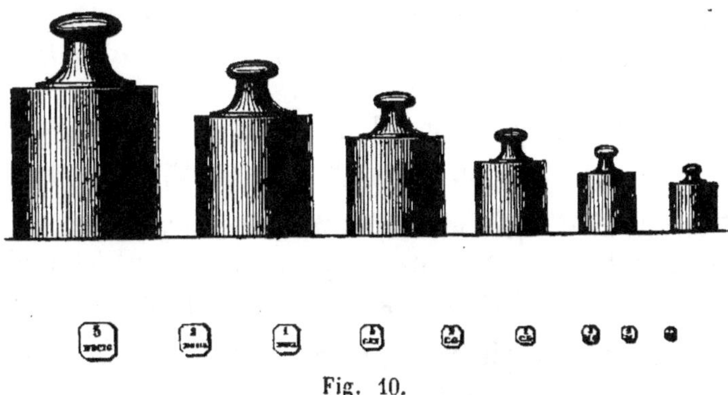

Fig. 10.

Un poids de 100 kilogrammes est souvent désigné par le nom de *quintal métrique ;* celui de 1000 kilogrammes, par le nom de *tonneau* ou *tonne.* On dit par exemple qu'un convoi de chemin de fer a transporté un certain nombre de tonnes de charbon ; que le chargement d'un vaisseau est d'un certain nombre de tonneaux.

100. Relation entre le poids et le volume de l'eau. — Il y a une relation très-simple entre le poids et le volume de l'eau. Un centimètre cube d'eau pèse un gramme ; par conséquent un litre d'eau pèse un kilogramme. Le tonneau est le poids d'un mètre cube d'eau. On peut négliger la petite différence provenant de ce que l'eau n'est pas distillée et à la température de 4 degrés.

Ce rapport donne un moyen facile de trouver la capacité d'un vase. On cherche le poids de l'eau qui le remplit, et le nombre de grammes que pèse cette eau est aussi le nombre de centimètres cubes qui mesure la capacité du vase.

Réciproquement, on connaîtra le poids de l'eau qui remplit un vase en connaissant sa capacité. Il y a autant de kilogrammes que de litres, ou autant de grammes que de centimètres cubes.

101. Densité. — Au moyen du volume, on pourra de même connaître le poids d'un corps sans recourir à la balance, pourvu qu'on sache d'abord ce que vaut le poids de ce corps par rapport au poids du même volume d'eau. Le nombre qui exprime ce rapport s'appelle *densité* du corps (*).

EXEMPLE. — *Une pierre taillée à six faces rectángulaires a* 1^m,24 *de longueur,* 1^m,06 *de largeur, et* 0^m,87 *d'épaisseur. Calculer son poids.*

On trouve d'abord pour son volume

$$1,24 \times 1,06 \times 0,87 = 1^{mc},143528,$$

c'est-à-dire 1143 décimètres cubes 528 centimètres cubes.

Si cette pierre avait le même poids que l'eau, elle pèserait 1143 kilogrammes 528 grammes. Or si on sait d'avance que le poids de cette pierre est, par exemple, 2 fois $\frac{1}{2}$ celui de l'eau, il suffit de multiplier 1143^{kg},528 par 2,5.

On trouve ainsi 2858^{kgr},820 ou à peu près 2859 kilogrammes. On énonce ordinairement la règle de cette manière : *Pour trouver le poids d'un corps, on multiplie son volume par sa densité.*

MONNAIES.

102. Tableau des monnaies. — On a déjà dit (n° 81) que le franc pèse 5 grammes. Les 9 dixièmes de son poids sont en argent, et l'autre dixième est de cuivre.

Nous avons des pièces d'or, des pièces d'argent et des pièces de cuivre.

	Valeur.	Poids.	Diamètre.
Pièces d'argent.	5 francs	25 grammes.	37 millim.
	2	10	27
	1	5	23
	50 centimes.	2,5	18
	20	1	15
Pièces d'or.	100 francs	32^{fr},258	35 millim.
	50	16, 129	28
	20	6, 452	21
	10	3, 226	19
	5	1, 613	17

(*) Voir la note III qui donne les densités des corps les plus usuels, page 85.

<table>
<tr><td rowspan="4">Pièces de cuivre.</td><td>10 centimes. .</td><td>10 grammes. . .</td><td>30 millim.</td></tr>
<tr><td>5 . . . . . .</td><td>5 . . . .</td><td>25</td></tr>
<tr><td>2 . . . . . .</td><td>2 . . . .</td><td>20</td></tr>
<tr><td>1 . . . . . .</td><td>1 . . . .</td><td>15</td></tr>
</table>

Les pièces d'or et les pièces d'argent contiennent une quantité de cuivre égale à la dixième partie de leur poids. Le poids de l'argent ou de l'or qui entre dans la pièce n'est donc que les 9 dixièmes du poids de cette pièce ; cette fraction est ce qu'on appelle le *titre* de la monnaie. Ainsi *le titre est une fraction indiquant la partie du poids total qui est d'or ou d'argent pur.* Il est égal au quotient obtenu en divisant le poids d'or ou d'argent par le poids total. Il est ordinairement évalué en décimales jusqu'au millième.

D'après cela, on voit que le titre des monnaies d'or et d'argent françaises est 0,900.

Il y a une exception pour les deux pièces d'argent de 50 centimes et de 20 centimes. Depuis 1865, elles ne sont plus qu'au titre de 0,835. Par conséquent elles ont une valeur un peu plus faible qu'auparavant, quoiqu'elles aient conservé le même poids.

Le cuivre introduit dans les pièces d'or et d'argent leur donne plus de dureté et fait qu'elles s'usent moins par le frottement.

L'or monnayé vaut 15 fois et demie plus que l'argent monnayé. Au moyen de ce rapport, on peut calculer facilement le poids d'une pièce d'or. Pour trouver, par exemple, le poids de la pièce d'or de 20 francs, on observe d'abord que 20 francs en argent pèseraient 100 grammes ; donc il faut diviser 100 grammes par 15,5. Le quotient 6,4516 indique en grammes le poids cherché.

Les quatre pièces de cuivre contiennent 95 centièmes de leur poids en cuivre, 4 centièmes en étain et 1 centième en zinc. Un alliage de cuivre et d'étain s'appelle bronze. Cette monnaie vaut 20 fois moins que la monnaie d'argent à poids égal.

NOTES SUR LE SYSTÈME MÉTRIQUE.

—

NOTE I.

DÉTERMINATION DU MÈTRE. — ANCIENNES MESURES DE LONGUEUR.

On dit dans tous les traités d'arithmétique : *le mètre est la dix-millionième partie du quart du méridien.* Cette définition est inintelligible pour les enfants, qui ignorent généralement ce que c'est qu'un méridien. Nous allons donner à ce sujet quelques explications fort simples.

La terre est une sphère, c'est-à-dire un corps rond comme une boule ; les inégalités que forment les montagnes à sa surface sont aussi peu de chose, en raison de son étendue, que des grains de sable très-fins qui seraient sur une petite boule. Elle tourne sur elle-même dans l'espace de 24 heures, comme autour d'une ligne droite qui la traverserait en son centre. Cette ligne droite imaginaire est l'*axe* de la terre ; les deux points où l'axe perce la surface de la terre sont les deux *pôles* ; l'un est appelé *pôle nord*, et l'autre *pôle sud* (.fig 11). Une orange traversée

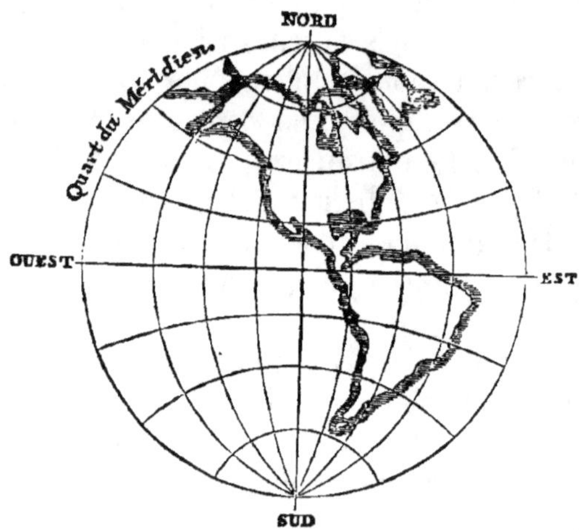

Fig. 11.

en son milieu par une aiguille peut en donner une idée : l'orange serait la terre, l'aiguille serait l'axe, et les deux bouts de l'aiguille seraient les deux pôles.

C'est ce mouvement de la terre qui produit le jour et la nuit. Le soleil étant immobile dans l'espace, nous avons le jour, quand la partie de la terre que nous habitons est en face de cet astre ; nous avons la nuit, quand le soleil nous est caché par l'épaisseur de la terre. Si c'est le soleil qui semble tourner autour de nous, cela tient à une illusion semblable à celle que nous éprouvons dans une voiture entraînée à grande vitesse, quand nous croyons voir les arbres et les maisons marcher au contraire en sens inverse.

On appelle *méridien* une circonférence qui environne la terre en passant par les deux pôles, comme un fil qui ferait le tour de l'orange en passant par les deux points où l'aiguille la traverse. Les géographes imaginent autour de la terre 180 méridiens qui se croisent tous aux deux pôles, et se partagent ainsi en 360 demi-méridiens allant d'un pôle à l'autre. Les lignes qui sont tracées de haut en bas dans les cartes géographiques représentent des méridiens, ou plutôt des parties de méridien. Ces méridiens sont comptés à droite et à gauche à partir de celui qui passe à Paris, et qu'on appelle pour cette raison *premier méridien*.

L'équateur est une circonférence qui environne la terre en passant à égale distance des deux pôles. Les demi-méridiens qui unissent les deux pôles, sont coupés par l'équateur en deux parties égales ; ainsi la partie du méridien qui va de l'équateur au pôle est le quart du méridien.

Par ordre du gouvernement, des savants mesurèrent, à la fin du siècle dernier, cette distance de l'équateur au pôle, et trouvèrent 5130740 toises. La dix-millionième partie de cette distance fut adoptée pour la nouvelle unité de longueur, et fut appelée *mètre*, d'un mot grec qui signifie *mesure*.

Ainsi le mètre est égal à $0^{toise},513$, c'est-à-dire à peu près à 513 fois la millième partie de la toise, ce qui fait un peu plus qu'une demi-toise.

Le quart du méridien contenant 10 millions de mètres, contient 10000 kilomètres ; par conséquent le tour de la terre est de 40000 kilomètres.

Une circonférence quelconque, grande ou petite, est toujours regardée comme divisée en 360 parties égales appelées *degrés*. Chaque degré du méridien a donc une longueur égale à la 360e partie de 40000 kilomètres ou 40000000 de mètres. La division donne 111111 mètres pour la longueur du degré du méridien.

On lit ordinairement au bas des cartes géographiques, au-dessous d'une ligne droite divisée en parties égales numérotées, cette expression : *lieue de 25 au degré*. Cela signifie que la lieue, représentée par l'une de ces parties égales, est la 25ᵉ partie de la longuenr du degré du méridien. En divisant 111111 mètres par 25, on trouve 4444 mètres. On a adopté l'usage de ne compter que 4 kilomètres pour la lieue ordinaire.

La *lieue marine* est la 20ᵉ partie du degré du méridien ; elle contient 5555 mètres. Les marins emploient encore une autre unité de longueur appelée *mille*, et qu'ils désignent aussi par le nom de *nœud*. C'est la 60ᵉ partie de la longueur d'un degré du méridien. Elle est équivalente à 1852 mètres.

Les principales mesures de longueur anciennes étaient : la *toise*, le *pied*, le *pouce* et la *ligne*.

1 toise = 6 pieds ; 1 pied = 12 pouces ; 1 pouce = 12 lignes.
1 toise = 1ᵐ,94904 ; 1 pied = 0ᵐ,32484.

NOTE II.

DÉTERMINATION DU GRAMME. — ANCIENS POIDS.

1° L'eau des sources n'est pas pure ; elle contient en dissolution des matières qu'elle prend dans les terrains où elle passe. En se déposant ces matières forment une couche au fond des vases qui ne sont pas fréquemment nettoyés. Or la nature et la quantité de ces substances prises par l'eau varient avec la nature des terrains ; il en résulte qu'un centimètre cube d'eau pris dans divers lieux n'a pas partout exactement le même poids. C'est pour cette raison que dans la détermination du gramme on emploie l'eau distillée.

La distillation de l'eau se réduit à faire bouillir de l'eau dans une chaudière. La vapeur en pénétrant dans un tuyau incliné et recourbé qui surmonte le couvercle, s'y refroidit et revient à l'état liquide ; l'eau qui s'écoule par ce tuyau est de l'eau distillée. Les matières qui étaient en dissolution dans l'eau restent au fond de la chaudière.

2° Lors même que l'eau est distillée, le poids d'un centimètre cube d'eau n'est pas invariable. En effet tous les corps augmentent de volume quand ils s'échauffent, et se contractent quand ils se refroidissent. Par exemple une tige de fer, qui froide remplirait complétement un trou de même forme, ne pourrait plus y entrer, si elle était d'abord chauffée au rouge.

Si donc on élevait la température de l'eau qui remplit un centimètre cube, cette eau augmentant de volume ne pourrait plus être contenue dans ce petit vase, s'il n'éprouvait pas lui-même une dilatation, et se répandrait par dessus les bords, sans que le vase cessât d'être plein. Par conséquent le centimètre cube d'eau chaude pèse moins que le centimètre cube d'eau froide, de tout le poids de l'eau qui se serait écoulée.

Pour que le gramme fût un poids invariable, on convint de prendre le centimètre cube d'eau distillée à la température de 4 degrés, marquée par un thermomètre centigrade qui y serait plongé. A cette température l'eau pèse plus qu'à toute autre ; c'est ce qu'on exprime en disan qu'elle est à son *maximum de densité*. A 4 degrés l'eau est froide, et ne diffère pas beaucoup de celle qui est sur le point de se congeler.

Les principaux poids anciens étaient : la *livre*, l'*once*, le *gros* et le *grain*.

1 livre = 16 onces ; 1 once = 8 gros ; 1 gros = 72 grains. 1 livre = 489^{gr},51 ; 1 once = 30^{gr},59 ; 18827 grains = 1 kilogr.

TABLEAU DES DENSITÉS DES CORPS LES PLUS USUELS,

A LA TEMPÉRATURE DE 0 DEGRÉ.

Platine.	21,53	Glace.	0,918
Or forgé.	19,56	Marbre.	2,7
Or fondu.	19,26	Pierre à bâtir.	2,00
Argent fondu.	10,47	Chêne.	0,808
Argent monnayé.	10,12	Sapin.	0,49
Cuivre forgé.	8,95	Liége.	0,24
Cuivre jaune.	3,427	Caoutchouc.	0,989
Plomb fondu.	11,35	Esprit-de-vin.	0,79
Étain.	7,29	Éther.	0,715
Zinc.	7,19	Eau de mer.	1,026
Fer.	7,788	Vin.	0,99
Aluminium fondu.	2,56	Huile d'olive.	0,91
Aluminium martelé.	2,67	Mercure.	13,59

NOTE IV.

MESURES ÉTRANGÈRES.

Le système métrique a été adopté dans la plupart des États de l'Europe, et même dans quelques États de l'Amérique du Sud ; mais il ne l'est pas encore en Angleterre, en Allemagne, en Russie et aux États-Unis. Comme les relations entre la France et ces pays rendent assez fréquentes chez nous les dénominations de certaines mesures étrangères, il ne sera pas sans utilité d'indiquer ici les principales.

ANGLETERRE.

Longueur.	Mille, mesure itinéraire . . .	1609^m
	Yard	$0^m, 91458$
	Pied	$0^m, 30479$
Surface . .	Acre	$40^{ares}, 46$
Poids . . .	Livre	$455^{gr}, 59$
Capacité . .	Gallon	$4^{lit}, 543$
Monnaie . .	Souverain (or)	$25^{fr}, 12$
	Couronne (argent)	$5^{fr}, 60$
	Shilling (argent)	$1^{fr}, 12$

La livre sterling est une unité nominale qui représente $25^{fr}, 12$, comme la pièce appelée souverain.

ALLEMAGNE.

Monnaie . .	Thaler (argent)	$3^{fr}, 64$
	Couronne (or)	$34^{fr}, 59$

RUSSIE.

Monnaie . .	Rouble (argent)	$3^{fr}, 92$
Longueur .	Werst	1067^m

ESPAGNE.

Monnaie . .	Piastre (argent)	$5^{fr}, 21$
	Réal (argent)	$0^{fr}, 26$

ÉTATS-UNIS.

Monnaie . .	Dollar (or)	$5^{fr}, 17$

NOTE V.

MESURES POUR LE TEMPS ET LA CIRCONFÉRENCE.

Lorsqu'on forma le système métrique, on essaya aussi d'établir pour la mesure du temps des unités décimales; mais leur usage ne put être adopté, et on dut reprendre les anciennes.

Ainsi le *jour*, qui est l'intervalle de temps qui comprend le jour et la nuit, est toujours divisé en 24 heures, l'heure en 60 minutes, et la minute en 60 secondes.

La même chose est arrivée pour la *circonférence*. Cette ligne courbe, dont on fait un grand usage, a tous ses points également distants d'un autre point qui en est le *centre*. Pour la décrire on fixe la pointe d'une branche d'un compas en un point O (fig. 12), on fait tourner l'autre branche autour de la première ; le crayon qui termine la branche mobile décrit une circonférence.

On appelle *rayon* toute ligne droite telle que AO menée du centre à la circonférence ; *diamètre*, une ligne droite telle que BC qui passe par le centre et se termine à la rencontre de la circonférence. Une portion quelconque de circonférence est appelée *arc* ; par exemple AC.

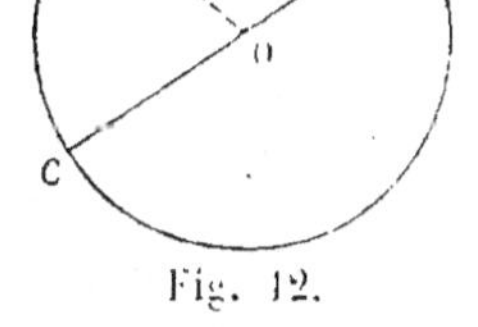

Fig. 12.

Toute circonférence est divisée en 360 parties égales appelées *degrés* ; chaque degré se divise en 60 parties égales appelées *minutes*, et chaque minute en 60 parties égales appelées *secondes*.

Il ne faut pas confondre les minutes et les secondes de la circonférence avec les minutes et les secondes de temps. Le degré est indiqué par ce signe ° ; la minute par ' et la seconde par ". Ainsi 23° 14' 56" signifient 23 degrés 14 minutes 56 secondes. Quand on dit qu'un arc contient 23° 14', cela signifie qu'il contient $\frac{23}{360}$ de la circonférence et $\frac{14}{60}$ de la 360e partie de la circonférence.

RÈGLES. — *1° Pour connaître la longueur d'une circonférence quand on connaît le diamètre, il suffit de multiplier le diamètre par le nombre 3,14159... ou plus simplement par 3,1416.*

2° Pour connaître la surface enfermée par la circonférence, il faut d'abord calculer la circonférence d'après la règle précédente, et multiplier le résultat par la moitié du rayon.

PROBLÈMES.

81. Un plafond rectangulaire a une longueur de 8^m,36 et une largeur de 5^m,74. Chercher ce qu'il a coûté, le prix du mètre carré étant de 1^{fr},85.

82. La surface d'un plancher rectangulaire a 64^{mq},8.; sa longueur a 12^m,15. Calculer sa largeur.

83. On veut faire tapisser un appartement dont le contour a 27^m,48; la hauteur à donner au papier est de 3^m,25. Combien doit-on acheter de rouleaux, chacun ayant 8^m de longueur et un demi-mètre de largeur.

84. Un tapis carré, qui a une longueur de 9^m,34, doit être doublé avec de la toile, qui a une largeur de 75 centimètres. Quelle longueur de toile faut-il acheter?

85. On doit employer des carreaux ayant 3 décimètres et demi en longueur et en largeur, pour paver un corridor rectangulaire, qui a 42^m,6 en longueur et 2^m,7 en largeur. Combien faut-il de ces carreaux?

86. Quelle somme faut-il pour acheter une prairie rectangulaire, qui a 264^m,8 en longueur et 156^m,7 en largeur, le prix de l'hectare étant 8542 fr.?

87. Un propriétaire échange un terrain carré de 1 hectare 6 ares et 8 centiares contre un champ rectangulaire de même surface ayant 245^m en longueur. Quelle doit être la largeur?

88. Quelle somme dépensera-t-on pour construire un mur ayant 62^m en longueur, 3^m,45 en hauteur, et 75 centimètres d'épaisseur, le prix du mètre cube étant 4^{fr},25?

89. On achète, au prix de 18 francs le stère, une pile de bois de chauffage dont la longueur a 2^m,60, la hauteur 1^m,20 et composée de bûches longues de 1^m,20. Quelle somme faudra-t-il donner?

90. Quelle hauteur faut-il donner à une pile de bois qui a 2^m,6 de longueur, et qui doit contenir 5 stères, les bûches qui la composent ayant 1^m,25 de longueur?

91. Quel est le nombre d'hectolitres d'eau contenus dans un bassin rectangulaire ayant 7^m,5 en longueur, 3^m,2 en largeur et 1^m,6 en profondeur?

92. Calculer le poids d'un bloc de pierre taillé à six faces rectangulaires ayant une longueur de 1^m,20, une largeur de 85 centimètres, et une épaisseur de 65 centimètres, le poids de cette pierre étant à peu près le double de celui du même volume d'eau.

93. Une barre de fer longue de 2^m,38 a une longueur de 7 centimètres et une épaisseur de 2 centimètres et demi ; chercher son poids, la densité du fer étant 7,8.

94. Une boule de plomb pèse 25 kilogrammes. Calculer son volume, la densité du plomb étant 11,3.

95. Chercher la longueur d'une circonférence dont le rayon a 2^m,76.

96. Chercher le diamètre d'une circonférence dont le contour a 9^m,45.

97. Calculer la longueur d'un arc de circonférence qui a 61° 38′, le rayon ayant 2^m,3.

98. Calculer le rayon d'un arc de circonférence qui a 38° 43′, la longueur de cet arc étant de 5^m,38.

99. Chercher la surface d'un bassin circulaire qui a un diamètre de 4^m,26.

100. Calculer la surface d'une place circulaire qui a 284^m de circonférence.

CHAPITRE VIII

RÉSOLUTION DES PROBLÈMES

103. Méthode de l'unité. — Les problèmes étant très-variés, il n'est pas possible de donner une règle générale pour les résoudre : nous en avons déjà traité quelques-uns assez simples. Mais quelque compliqués qu'ils puissent être, leur résolution se réduit toujours à additionner, à soustraire, multiplier et diviser. La seule difficulté consiste à découvrir la série des opérations à effectuer pour arriver des nombres donnés dans l'énoncé d'un problème aux nombres demandés.

Or on voit habituellement des personnes étrangères à toute instruction résoudre une multitude de questions d'arithmétique, auxquelles les relations usuelles de la vie donnent lieu. Qu'on demande, par exemple, à un enfant combien coûteront 7 pommes à 60 centimes la douzaine. Au lieu d'arriver directement du prix de 12 pommes à celui de 7, il cherche d'abord le prix d'une pomme. Il remarque que ce prix est la 12e partie de 60 centimes, c'est-à-dire 5 centimes. Connaissant alors le prix d'une pomme, il sait que 7 pommes coûteront 7 fois plus ou 35 centimes. Cette marche est à peu près celle de tout le monde ; elle est le fruit de la réflexion et non de l'étude. Comme elle nous fait descendre d'un nombre plus ou moins grand à 1 pour remonter ensuite à un autre nombre, elle s'appelle méthode de la *réduction à l'unité :* c'est la seule qu'on doive indiquer dans un traité d'arithmétique destiné aux écoles primaires.

Dans la question ci-dessus, il y a trois nombres : 12 pommes, 7 pommes et 60 centimes ; le nombre inconnue exprimera des centimes. Ainsi, de ces quatre nombres, 12 et 7 expriment des unités de même espèce ; les deux autres, 60 et l'inconnue, expriment aussi des unités d'une autre même espèce. Les problèmes de ce genre sont vulgairement appelés *règles de trois* (composées de *trois* nombres) : mais nous ne ferons pas usage de cette vieille dénomination ; car elle n'est propre qu'à induire les élèves en erreur, en les portant à croire que tous les problèmes semblables doivent être résolus par la même règle, ce qui n'est pas vrai.

PROBLÈMES DIVERS.

PROBLÈME 1. — *On a payé* 298 *francs pour* 12 *hectolitres de vin ; combien coûteront* 9 *hectolitres ?*

Cherchons d'abord le prix de l'hectolitre.

Puisque 12 hectolitres ont coûté 298^{fr},

1 hect. coûtera 12 fois moins ou $\dfrac{298}{12} = 24^{fr},833$.

9 hectolitres coûteront $24,833 \times 9 = 223^{fr},497$.

OBSERVATION. — La division de 298 par 12 ne pouvant être terminée, le quotient 24,833 est trop faible, et comme les autres chiffres de ce quotient seraient 333..., on voit, en ne tenant compte que du chiffre des dix-millièmes seulement, que le résultat 223,497 est trop faible d'environ 9 fois 3 dix-millièmes, ce qui donne 27 dix-millièmes, c'est-à-dire près de 3 millièmes. Le prix cherché est donc plutôt $223^{fr},50$ que $223^{fr},49$.

Si on avait dû multiplier le quotient par un nombre considérable, 1000 par exemple, le produit aurait été trop faible d'environ 1000 fois 3 dix-millièmes ou 0,3000, c'est-à-dire de 30 centimes. Le résultat n'aurait plus alors un degré suffisant d'exactitude. Pour prévenir cette erreur, il aurait fallu prendre au quotient un plus grand nombre de chiffres décimaux (*voir* n° 61) ; mais alors la multiplication suivante en aurait été d'autant plus longue. Il est préférable d'indiquer seulement la division sous la forme d'une fraction. On dit, par conséquent :

1 hectolitre coûtera 12 fois moins ou $\dfrac{298}{12}$

9 hectolitres coûteront donc $\dfrac{298 \times 9}{12}$

On effectue ensuite la multiplication indiquée, et la division ne se fait qu'en dernier lieu.

Outre l'avantage d'obtenir ainsi un résultat aussi exact que l'on veut, on peut encore abréger souvent les opérations en supprimant d'abord les facteurs communs qui peuvent se trouver au numérateur et au dénominateur. Ainsi on aurait pu d'abord diviser 298 et 12 par 2, ce qui aurait donné $\dfrac{149 \times 9}{6}$, puis 9 et 6 par 3. On trouve ainsi $\dfrac{149 \times 3}{2} = \dfrac{447}{2} = 223,50$.

Problème 2. — *8 ouvriers ont mis 15 jours pour faire un mur ; combien aurait-il fallu de jours à 14 ouvriers ?*

8 ouvriers ayant mis   15^j,
1 ouvrier mettra 8 fois plus de jours ou 15×8
14 ouvriers mettront 14 fois moins de

jours ou $\dfrac{15 \times 8}{14} = 8^j,57.$

R. Il aurait fallu à 14 ouvriers 8 jours et demi environ.

Problème 3. — *Un commis reçoit 6 pour cent sur le produit des marchandises qu'il vend ; combien a-t-il gagné à la fin de la semaine, s'il a vendu pour 642 francs ?*

En disant que le commis reçoit 6 *pour cent*, ce qu'on écrit ainsi : 6 %, on dit que sur une vente de 100 francs il reçoit 6 francs.

Pour une vente de 1 franc, il recevra 100 fois moins ou $0^{fr},06$; pour une vente de 642 francs, il aura 642 fois plus ou

$$0,06 \times 642 = 38^{fr},52.$$

R. Le commis a donc gagné $38^{fr},52$.

Problème 4. — *Un boulanger a acheté 635 fagots à $19^{fr},60$ le cent ; combien doit-il payer ?*

Puisque 100 fagots coûtent $19^{fr},60$
1 fagot coûte 100 fois moins, c'est-à-dire $0^{fr},196.$
Donc 635 fagots coûtent 635 fois plus ou

$$0,196 \times 635 = 124^{fr},46.$$

R. On devra payer $124^{fr},46$.

PROBLÈME 5. — *Sur le chemin de fer de Lyon à la Méditer-ranée, un train express met 8 heures 10 minutes pour parcou-rir les 352 kilomètres qu'il y a de Lyon à Marseille; combien met-il de temps pour aller de Lyon à Avignon, la distance de ces deux villes étant de 230 kilomètres?*

Comme la minute n'est pas une fraction décimale de l'heure, il faut réduire $8^h 10^m$ en un seul nombre de minutes, ce qui fait 490 minutes.

Puisque pour une distance de 352 kilomètres le train emploie 490^m,

pour une distance de 1 kilomètre, il emploiera $\dfrac{490}{352}$

et pour une distance de 230 kilomètres,

il mettra $\dfrac{490 \times 230}{352} = 320^m$.

Le nombre d'heures sera égal au quotient de 320 par 60.
R. On trouve $5^h 20^m$.

PROBLÈME 6. — *On a employé 6 ouvriers pendant 14 jours pour faire 124 mètres d'un ouvrage; combien aurait-il fallu d'ouvriers pour faire 92 mètres du même ouvrage en 8 jours?*
Écrivons d'abord le problème de la manière suivante :

$$6^o \quad 14^j \quad 124^m$$
$$8^j \quad 92^m$$

Pour faire 124^m en 14^j, il a fallu $\qquad 6^o$
Pour faire 124^m en 1^j, il aurait fallu 14 fois plus d'ouvriers ou $\qquad 6^o \times 14$
Pour faire 124^m en 8^j, il faut $\qquad \dfrac{6^o \times 14}{8}$
Pour faire 1^m seulement en 8^j, il faudrait $\qquad \dfrac{6^o \times 14}{8 \times 124}$
Pour faire 92^m, il faudra $\qquad \dfrac{6^o \times 14 \times 92}{8 \times 124} = 7^o,79$

R. Il aurait fallu 7 ouvriers et un autre ouvrier qui n'aurait fait que les 79 centièmes du travail des autres.

PROBLÈME 7. — *Un détachement de 150 soldats avait des vivres pour 18 jours ; mais comme il reçoit l'ordre de donner $\frac{1}{6}$ des vivres et de faire durer le reste 20 jours, on demande à quelle ration les soldats seront réduits ?*

Le nombre des soldats, restant le même, ne doit pas entrer dans les calculs ; de plus, la quantité de leurs vivres ayant été diminuée de $\frac{1}{6}$, il n'en existe plus que les $\frac{5}{6}$. En prenant la ration primitive pour unité et en la représentant par 1, on écrira ainsi le problème :

$$18 \text{ jours} \quad 6 \text{ sixièmes} \quad 1 \text{ ration}$$
$$20 \qquad\quad 5$$

Si les vivres, sans être diminués, devaient durer seulement 1 jour, la ration donnée à chaque homme serait 18 fois plus grande ou $\qquad\qquad\qquad 1 \times 18$

Mais comme ils doivent durer 20 jours,

la ration doit être 20 fois plus petite ou $\qquad\qquad \dfrac{18}{20}$

Avec une quantité de vivres égale à 1 sixième seulement, la ration serait 6 fois moins

grande ou $\qquad\qquad\qquad \dfrac{18}{20 \times 6}$

Mais comme la quantité se compose de 5 sixièmes, la ration sera 5 fois plus

grande, c'est-à-dire $\qquad\qquad \dfrac{18 \times 5}{20 \times 6} = 0{,}75$

R. La ration à laquelle les soldats seront réduits ne sera que les 75 centièmes de ce qu'elle était d'abord. Si, par exemple, ils avaient dû recevoir 1000 grammes de pain, on ne leur en donnerait plus que 750 grammes.

PROBLÈMES SUR LES FRACTIONS ORDINAIRES.

104. Ces problèmes paraissent en général plus difficiles aux élèves à cause du dénominateur : cette difficulté n'est qu'apparente. En ayant soin de regarder le dénominateur comme le *nom de* *l'unité fractionnaire* (n° 63), comme un *mot écrit en chiffres,* on opère sur les fractions comme sur les nombres entiers.

PROBLÈME 8. — *Un homme a acheté un habillement, et il en a payé les* $\frac{3}{5}$ *en donnant* 50^{fr},40 : *combien lui coûte cet habillement ?*

Les 3 cinquièmes de l'habillement coûtent   50^{fr},40

1 cinquième coûte 5 fois moins ou $\dfrac{50^{fr},40}{3} = 16^{fr},80$

L'habillement coûtera 5 fois plus, c'est-à-dire $16,8 \times 5 = 84^{fr}$

PROBLÈME 9. — *Un ouvrier emploie* $\frac{3}{4}$ *d'heure pour faire les* $\frac{5}{9}$ *d'un ouvrage; en combien de temps aura-t-il fait l'ouvrage entier ?*

Pour faire 5 neuvièmes de l'ouvrage, il met $\dfrac{3}{4}$ d'heure.

Pour faire 1 neuvième, il mettra 5 fois moins de temps ou $\dfrac{3}{4 \times 5}$

Pour faire l'ouvrage entier, il mettra 9 fois plus de temps ou $\dfrac{3 \times 9}{4 \times 5} = \dfrac{27}{20} = 1^{h}\dfrac{7}{20}$

Or 1 vingtième d'heure est la 20e partie de 60 minutes, c'est-à-dire 3 minutes; $\frac{7}{20}$ d'heure valent donc 7 fois 3 minutes ou 21 minutes.

R. Cet ouvrier mettra 1^{h} 21^{m} pour faire l'ouvrage.

PROBLÈME 10. — *Combien coûteront* $\frac{7}{8}$ *de mètre d'une étoffe, si* $\frac{2}{5}$ *de mètre coûtent* 14 *francs ?*

Puisque 2 tiers de mètre coûtent 14^{fr},

1 tiers coûte 2 fois moins, c'est-à-dire $\dfrac{14}{2} = 7^{fr}.$

Le mètre entier coûte 3 fois plus ou $7 \times 3 = 21^{fr},$

1 huitième coûtera 8 fois moins ou $\dfrac{21}{8}$

7 huitièmes vaudront 7 fois plus ou $\dfrac{21 \times 7}{8} = 18^{fr},375$

R. Les $\dfrac{7}{8}$ de mètre coûteront $18^{fr},37$.

PROBLÈME 11. — *Un homme promet de faire un ouvrage en 4 jours ; un autre promet de le faire en 5 jours ; combien faudra-t-il de jours s'ils travaillent ensemble ?*

Je cherche d'abord quelle partie de l'ouvrage chacun fait en 1 jour.

Le 1er fera en un jour $\dfrac{1}{4}$ de l'ouvrage, et le second $\dfrac{1}{5}$.

Ensemble ils feront donc en un jour $\dfrac{1}{4} + \dfrac{1}{5}$ de l'ouvrage.

Réduisant ces deux fractions au même dénominateur, et additionnant, on obtient $\dfrac{5}{20} + \dfrac{4}{20} = \dfrac{9}{20}$

Puisqu'en 1 jour ils font 9 vingtièmes de l'ouvrage, il leur faudra autant de jours qu'il y a de fois 9 vingtièmes dans les 20 vingtièmes dont l'ouvrage se compose. Le nombre de jours cherché sera donc le quotient de 20 divisé par 9, c'est-à-dire $\dfrac{20}{9} = 2^j\dfrac{2}{9}$.

PROBLÈME 12. — *Deux robinets versent de l'eau dans un bassin qui contient 42 litres $\dfrac{3}{4}$. Le 1er donne 3 litres en 2 minutes, et le second 5 litres en 3 minutes ; en combien de temps le bassin sera-t-il rempli ?*

Nous emploierons ici la conversion d'une fraction ordinaire en fraction décimale.

Je cherche d'abord ce que chaque robinet verse par minute.

Le 1ᵉʳ verse par minute $\dfrac{3}{2}$ de litre ou $1^l,50$

Le 2ᵉ $\dfrac{5}{3}$ de litre ou $1^l,666$

Ils versent ensemble par minute $\overline{3^l,166}$

Il faudra, pour remplir le bassin, autant de minutes qu'il y aura de fois $3^l,166$ dans $42^l\dfrac{3}{4}$ ou $42^l,75$.

Le nombre de minutes sera donc $\dfrac{42,75}{3,166} = 13^m$

PROBLÈMES SUR L'INTÉRÊT.

105. De l'intérêt. — Lorsqu'un homme a emprunté de l'argent, il est obligé de payer une certaine somme pour le service qui lui est rendu. Cette somme s'appelle *intérêt*, et celle qui a été prêtée s'appelle *capital*.

L'intérêt est compté à tant pour cent par an ; le *taux* est l'intérêt que produiraient 100 francs au bout d'un an. Par exemple, quand on dit qu'une somme est placée à 5 pour cent, 6 pour cent, ce qu'on écrit ainsi : 5 %, 6 %, cela signifie que l'intérêt annuel de 100 francs serait 5 francs, 6 francs.

PROBLÈME 13. — *Un homme a prêté 645 francs à 5 % ; quel est l'intérêt qu'il retire chaque année ?*

Puisque 100^{fr} rapporteront 5^{fr}

1^{fr} rapporte 100 fois moins ou $0^{fr},05$

et 645^{fr} rapporteront $0,05 \times 645 = 32^{fr},25$

R. L'intérêt cherché est 32 francs 25 centimes.

RÈGLE I. — Si on indique seulement la division de 5 par 100, on aura pour l'intérêt demandé $\dfrac{645 \times 5}{100}$. De là la règle suivante :

Pour trouver l'intérêt d'un capital au bout d'un an, on multi-plie le capital par le taux, et on divise le produit par 100.

REMARQUE. — Quand l'intérêt est à 5 %, il est la 20ᵉ partie du capital. *On peut donc trouver l'intérêt d'un capital à 5 % en divisant le capital par 20.*

Cette division est si facile qu'on peut faire le calcul de l'intérêt à 5 % sans écrire les nombres. On divise d'abord par 10 en sé-parant le dernier chiffre à droite, et on prend la moitié du ré-sultat.

PROBLÈME 14. — *Quel est le capital qui produit un intérêt de* 57^{fr},06 *par an à* 4 $\frac{1}{2}$ %?

Pour avoir un intérêt de 4^{fr},50, il faut un capital de   100^{fr}

Pour un intérêt de 1^{fr}, il faut un capital égal à $\dfrac{100^{fr}}{4,15}$

Pour un intérêt de 57^{fr},06, il faut $\dfrac{100 \times 57,06}{4,15} = 1268^{fr}$

REMARQUE. — Quand le taux est 5 %, il suffit, pour trouver le capital, de multiplier l'intérêt donné par 20.

PROBLÈME 15. — *Un homme rend, au bout de 8 mois 12 jours, une somme de 856 francs qu'il avait empruntée au taux de 5 % par an : quel est l'intérêt qu'il doit payer?*

Pour rendre les calculs d'intérêt plus faciles, il est d'usage de compter l'année comme ayant 360 jours seulement, et le mois 30, excepté dans certains cas.

Exprimons d'abord le temps par un seul nombre de jours ; cela fait 252 jours.

100^{fr} produisant par an   5^{fr}

1^{fr} produira en 360 jours $\dfrac{5}{100}$

1^{fr} en 1 jour produira $\dfrac{5}{100 \times 360}$

1^{fr} au bout de 252 jours produira $\dfrac{5 \times 252}{100 \times 360}$

856^{fr}, au bout de 252 jours, produiront $\dfrac{5 \times 252 \times 856}{100 \times 360}$

ou en changeant l'ordre des facteurs $\dfrac{856 \times 5 \times 252}{36000}$

De ce résultat on tire la règle suivante :

RÈGLE II. — *Pour trouver l'intérêt d'un capital au bout d'un certain nombre de jours, il faut multiplier le capital par le taux et par le nombre de jours et diviser le produit par 36000.*

La division par 36000 se fait très-simplement. On divise d'abord par 1000, puis par 6, et une seconde fois par 6. Dans l'exemple proposé, on trouve 29^{fr},96.

REMARQUE. — Cette règle peut être simplifiée. En effet, si, avant de faire les opérations indiquées, on supprime 5 au dividende, et qu'on divise 36000 par 5, ce qui ne change rien à la valeur du résultat, on obtient pour l'intérêt cherché $\dfrac{856 \times 252}{7200}$.

Si le taux était 4, la division de 36000 par 4 donnerait 9000 ; si le taux était 6, la division de 36000 par 6 donnerait 6000.

De là résulte cette autre règle :

RÈGLE III. — *Pour trouver l'intérêt d'un capital au bout d'un certain nombre de jours, à 4 %, 5 %, 6 %, on multiplie le capital par le nombre de jours et on divise le produit par 9000, si le taux est 4 % ; par 7200, si le taux est 5 % ; par 6000, si le taux est 6 %.*

PROBLÈME 16. — *Trouver la valeur acquise par un capital de 738^{fr}, quand il est augmenté de son intérêt à 4 % au bout de 9 mois.*

1° On calcule l'intérêt d'après les règles précédentes, et on ajoute cet intérêt au capital.

2° On peut suivre la marche suivante.

L'intérêt de 1^{fr}, au bout d'un an, étant   0^{fr},04

Au bout de 9 mois, qui sont les $\dfrac{3}{4}$ de l'année,

il sera les $\frac{3}{4}$ de 0,04 ou $\qquad$ $0^{\text{fr}},03$

Ainsi 1^{fr} vaut, au bout de 9 mois, $\qquad$ $1^{\text{fr}},03$

738^{fr} vaudront par conséquent $\qquad 1^{\text{fr}},03 \times 738 = 760^{\text{fr}},14$

De ce résultat on déduit la règle suivante :

RÈGLE IV. — *Pour trouver la valeur acquise par un capital placé à intérêt au bout d'un certain temps, il faut multiplier le capital par 1 augmenté de l'intérêt de 1^{fr} au bout du temps indiqué.*

PROBLÈME 17. — *Un homme avait emprunté une somme d'argent à 5 %, et au bout de 5 mois 8 jours il rembourse cette somme avec l'intérêt en donnant $1483^{\text{fr}},86$; quel était le capital emprunté?*

D'abord 5 mois et 8 jours font 158 jours.

Pour 158 jours, l'intérêt de 1 franc à 5 %

est (probl. 15 ; règle II) $\qquad \dfrac{1 \times 158}{7200} = 0^{\text{fr}},02194$

Si cet homme avait emprunté seulement 1 franc, il aurait rendu $1^{\text{fr}},02194$.

Le capital cherché contient donc autant de francs qu'il y a de fois $1^{\text{fr}},02194$ dans $1483^{\text{fr}},86$.

Ainsi le capital est égal à $\qquad \dfrac{1483,86}{1,02194} = 1452^{\text{fr}}$

Ce problème donne lieu à la règle suivante, qui est l'inverse de celle suivie au problème 16 :

RÈGLE V. — *Pour trouver le capital qui, au bout d'un certain temps, a pris par l'augmentation de son intérêt une valeur donnée, il faut diviser cette valeur par 1 augmenté de l'intérêt de 1 franc au bout du temps indiqué.*

PROBLÈME SUR LES INTÉRÊTS COMPOSÉS.

106. Intérêts composés. — Lorsqu'une somme est prêtée pour plusieurs années, il est quelquefois convenu que l'emprunteur, au lieu d'acquitter l'intérêt à la fin de chaque année, comme cela a lieu ordinairement, le payera seulement avec le capital à l'époque fixée pour le remboursement. Alors l'intérêt de la première année s'ajoute au capital, ce qui forme un capital un peu plus fort qui produit intérêt pendant la deuxième année, et ainsi de suite.

Dans les questions de ce genre, on ne cherche pas les intérêts du capital, mais la valeur acquise par ce capital augmenté des intérêts. Il n'y a d'autre difficulté que la longueur des calculs, comme on va le voir par l'exemple suivant.

PROBLÈME 18. — *Un homme emprunte une somme de 650*ᶠ *qu'il doit garder pendant 5 ans à intérêts composés, au taux de 5 %: quelle somme devra-t-il payer au bout de ce temps?*

En suivant la règle IV (probl. 16), on trouve pour valeur du capital au bout de la 1ʳᵉ année

$$1,05 \times 650;$$

pour sa valeur au bout de la 2ᵉ année

$$1,05 \times 1,05 \times 650;$$

pour sa valeur au bout de la 3ᵉ année

$$1,05 \times 1,05 \times 1,05 \times 650.$$

En effectuant les multiplications indiquées, on trouve que la somme à payer est égale à 752ᶠʳ,45.

REMARQUE. — Il est utile d'observer qu'un capital s'accroît rapidement par les intérêts composés. Au taux de 5 %, il est doublé au bout de 14 ans 2 mois.

PROBLÈMES SUR L'ESCOMPTE.

107. De l'escompte commercial. — Lorsqu'on paye une somme avant son échéance, c'est-à-dire avant l'époque fixée pour le payement, on a droit à une diminution : cette diminution est appelée *escompte*.

Cela se fait, par exemple, quand un banquier donne de l'argent en échange d'un billet qui ne doit être payé qu'au bout d'un certain temps, quand un homme paye comptant des marchandises dont il aurait le droit de renvoyer le payement à quelques mois.

L'escompte est calculé à tant pour cent comme l'intérêt. Par conséquent toutes les règles indiquées plus haut pour les intérêts s'appliqueront au calcul de l'escompte sans aucune différence. C'est la méthode usitée dans la banque et le commerce.

108. Escompte en dedans. — Dans certains pays, on suit une méthode un peu différente, que les traités d'arithmétique désignent, on ne sait pourquoi, par le nom d'*escompte en dedans*.

Supposons qu'un billet de 1483^{fr},86 soit payable seulement dans 5 mois et 8 jours. Si le débiteur consent à le payer actuellement, il a droit à un escompte, et d'après la méthode suivie habituellement en France, il prélèvera un escompte qui n'est autre chose que l'intérêt de 1483^{fr},86 pour 158 jours.

Supposons que le taux soit 5 %.

D'après la règle III (page 99), on trouve pour l'intérêt

$$\frac{1483,86 \times 158}{7200} = 32^{fr},56.$$

Le capital escompté d'après la méthode ordinaire est donc

$$1483^{fr},86 - 32^{fr},56 = 1451^{fr},30.$$

Dans la deuxième méthode, on cherche quel est le capital qui, après avoir été augmenté de son intérêt à 5 %, a pris, au bout de 5 mois 8 jours, une valeur de 1483^{fr},86 ; c'est précisément le problème 17. Ce capital est 1452^{fr}. Il diffère de 70 centimes du capital donné par la méthode usuelle.

Il serait inutile d'ajouter d'autres explications sur cet escompte ; elles ne feraient qu'embrouiller une chose qui est très-simple par elle-même.

PROBLÈME RELATIF AUX RENTES SUR L'ÉTAT.

109. Rentes sur l'État. — L'État, comme les particuliers, emprunte de l'argent ; mais il s'engage seulement à payer les intérêts, sans jamais rembourser le capital. Le prêteur reçoit, en échange de son argent, un titre appelé *inscription de rente*, avec lequel il se fait payer par l'État, à des époques fixes, l'intérêt de son argent : cet intérêt est une *rente sur l'État*.

Quand le prêteur a besoin de son capital, il vend son titre. Si l'État est dans une situation prospère, on a l'assurance que la rente sera régulièrement payée; en raison de cette sécurité, la valeur de ce titre augmente plus ou moins. Si, au contraire, le gouvernement éprouve des embarras financiers ou autres, on peut appréhender qu'il ne soit pas en mesure de payer la rente; le titre perd alors de sa valeur et se vend à un prix plus ou moins bas. Ce prix variable est ce qu'on appelle *cours de la rente*.

La vente de ces titres se fait à Paris et dans quelques autres grandes villes dans un local particulier appelé la *Bourse*, et par l'intermédiaire des *agents de change*.

Tous les calculs relatifs aux rentes ne sont que des calculs d'intérêt. En voici un exemple.

Problème 19. — *Quelle somme faut-il payer pour acheter* 1800^{fr} *de rente* $4\frac{1}{2}\%$, *le cours de la rente étant* $91^{fr},75$?

Une rente de $4^{fr},50$ coûte $\qquad\qquad\qquad\qquad 91^{fr},75$

Une rente de 1^{fr} coûterait $\qquad\qquad\qquad\quad \dfrac{91^{fr},75}{4,5}$

Une rente de 1800^{fr} coûtera $\qquad \dfrac{91,75 \times 1800}{4,5} = 36700^{fr}$

PARTAGE D'UN NOMBRE D'APRÈS DES CONDITIONS DONNÉES

110. Règle de société. — Ces questions se présentent quand il s'agit de partager le prix d'un ouvrage entre ceux qui y ont travaillé pendant des temps différents, un bénéfice ou même une perte entre plusieurs associés.

Quelques exemples montreront la marche à suivre.

La règle qui sert à les résoudre s'appelle ordinairement *règle de société*.

Problème 20. — *Trois ouvriers ont fait ensemble un ouvrage pour lequel on leur a donné 274 francs. Combien chacun doit-il recevoir, le premier ayant travaillé 6 jours, le deuxième 9 jours, le troisième 12 jours ?*

Le nombre total des journées de travail est

$$6 + 9 + 12 = 27$$

Puisque pour 27 journées on a payé 274^{fr}

Le prix de 1 journée sera $\dfrac{274}{27} = 10^{fr},148$

Le 1er recevra $10^{fr},148 \times 6 = 60^{fr},888$ ou $60^{fr}, 89$

Le 2e $10^{fr},148 \times 9 = 91^{fr},352$ ou $91^{fr}, 33$

Le 3e $10^{fr},148 \times 12 \times 121^{fr},776$ ou $121^{fr}, 78$

PROBLÈME 21. — *Trois personnes associées pour un commerce ont fait un bénéfice de 1120 francs. Que revient-il à chacune, la première ayant mis en société 1240 francs, la deuxième 1580 francs, la troisième 2370 francs ?*

La somme des trois mises est 5190^{fr}

Avec 5190^{fr}, on a gagné 1120^{fr}

Avec 1 franc, on aurait gagné $\dfrac{1120}{5190}$

La 1re personne aura $\dfrac{1120 \times 1240}{5190} = 267^{fr},59$

La 2e $\dfrac{1120 \times 1580}{5190} = 340^{fr},96$

La 3e $\dfrac{1120 \times 2370}{5190} = 511^{fr},44$

. Si l'on veut énoncer la règle à suivre pour ces problèmes, on dira : *Il faut diviser le bénéfice total par la somme des mises, et multiplier le quotient par la mise de chaque associé.*

PROBLÈME 22. — *Trois associés ont fait un bénéfice de 3428 francs. Le premier a fourni 4110 fr. qui sont restés dans l'association pendant 1 an ; le second 3620 fr. qui sont restés pendant 8 mois, et le troisième 2540 fr. pendant 7 mois. Que revient-il à chaque associé ?*

Le partage doit être fait non-seulement par rapport aux mises, mais aussi par rapport au temps pendant lequel elles sont restées dans l'association. La question se résout d'après le raisonnement suivant.

Le premier ayant mis 4110 fr. pendant 12 mois doit avoir le même bénéfice que s'il avait mis pendant un mois seulement une somme 12 fois plus forte : cette somme serait

$$4110 \times 12 = 49320^{fr}.$$

Le second doit avoir le même bénéfice que s'il avait mis pendant 1 mois une somme 8 fois plus forte : cette somme serait

$$3620 \times 8 = 28960^{fr}.$$

Le troisième aura le même bénéfice que s'il avait mis pendant un mois une somme 7 fois plus forte : cette somme serait

$$2540 \times 7 = 17780^{fr}.$$

Ainsi le problème revient à partager le bénéfice comme si les associés avaient mis pendant le même temps, le premier 49320^{fr}; le second 28960^{fr}, et le troisième 17780^{fr}.

Il ne reste plus qu'à appliquer la règle donnée au problème 21.

PROBLÈME 23. — *Trois frères doivent se partager une somme de 2368 francs, de manière que le second ait 5 fois $\frac{1}{2}$ autant que le premier, et que le troisième ait 4 fois autant que le second. Quelle est la part de chacun?*

Supposons que la somme soit divisée en plusieurs parties égales, et que le premier prenne pour sa part

2 de ces parties	2 parties.
Le second devra en prendre.	7
Le troisième	28
Ce qui fait en tout	37 parties.

Il suffit donc de partager 2368 francs en 37 parties égales, c'est-à-dire de diviser 2368 par 37, et de multiplier le quotient par 2, par 7 et par 28.

PROBLÈMES SUR LES MOYENNES ET LES MÉLANGES.

111. Moyenne. — La *moyenne* de plusieurs quantités est le quotient qu'on obtient en divisant leur somme par le nombre de ces quantités. Par exemple, un homme ayant gagné un jour

6^{fr},50, le lendemain 8^{fr},60, et le surlendemain 9^{fr},50, le bénéfice total de ces trois jours est 24^{fr},60. C'est comme s'il avait gagné chaque jour le tiers de 24^{fr},60, c'est-à-dire 8^{fr},20. Cette somme 8^{fr},20 est le bénéfice moyen de la journée.

Ainsi pour trouver la moyenne de plusieurs quantités, il faut les additionner ensemble, et diviser leur somme par le nombre de ces quantités.

Les moyennes sont d'un emploi fréquent.

112. Mélanges. — Aux questions de moyennes se rattachent les questions de mélanges. Il suffira d'en donner deux exemples.

Problème 24. — *On mêle 18 litres de vin du prix de 24 centimes le litre, avec 35 litres d'un autre vin coûtant 32 centimes le litre. A combien revient le litre du mélange ?*

Les 18 litres de la première qualité coûtent

$$0^{fr},24 \times 18 = 4^{fr},32 ;$$

Les 35 litres de la seconde coûtent

$$0^{fr},32 \times 35 = 11^{fr},20.$$

Les 53 litres du mélange coûtent donc

$$4^{fr},32 + 11^{fr},20 = 15^{fr},52 ;$$

par conséquent, 1 litre coûtera $$\frac{15,52}{35} = 0^{fr},29.$$

Problème 25. — *Un marchand veut mêler du vin de 32 centimes le litre avec du vin de 24 centimes, de manière que le litre du mélange coûte 30 centimes. Dans quelle proportion doit-il faire ce mélange ?*

En mettant 1 litre de la 1re qualité dans le mélange, le marchand perd 2 centimes ; on écrit 2 vis-à-vis 24.

$$\begin{array}{ccc} & 32 & 6 \\ 30 & & \\ & 24 & 2 \end{array}$$

En mettant 1 litre de la 2e qualité, il gagne 6 centimes ; on écrit 6 vis-à-vis 32. Ces deux nombres 6 et 2 indiquent la proportion cherchée, c'est-à-dire que, pour 6 litres de la 1re qualité, il en faudra 2 de la seconde.

En effet, en mettant 6 litres de la 1re qualité, le marchand perd 6 fois 2 centimes ou 12 centimes, et en mettant 2 litres de la 2e qualité, il gagne 2 fois 6 centimes ou 12 centimes : il y a donc compensation.

113. Alliages. — On a vu (n° 102) que le titre d'une monnaie d'or ou d'argent est le rapport qui existe entre le poids de l'or ou de l'argent pur et le poids total.

Pour les autres objets d'or ou d'argent la loi reconnaît seulement les titres suivants :

Pour l'argent 0,950 et 0,800 ;

pour l'or ,   0,920   0,840 et 0,750 (*).

PROBLÈME 26. — *On a fait fondre une statuette d'argent au titre de 0,950 et pesant 156 grammes, avec un morceau d'argent au titre de 0,750 et pesant 364 grammes. Quel est le titre de l'alliage qui en résulte?*

Le poids total est $156^{gr} + 364^{gr} = 520^{gr}$.

Le poids d'argent pur de la statuette étant égal à 950 fois la millième partie de son poids, est

$$156^{gr} \times 0,950 = 148^{gr},2.$$

Le poids d'argent pur du second morceau d'argent étant égal à 750 fois la millième partie de son poids, est

$$364^{gr} \times 0,750 = 273^{gr}.$$

Le poids de l'argent contenu dans l'alliage est $421^{gr},2$

Le titre cherché est donc $\dfrac{421,2}{520} = 0,810.$

PROBLÈME SUR L'ÉCHÉANCE MOYENNE.

114. Échéance moyenne. — Lorsqu'un débiteur doit à un créancier plusieurs sommes payables à des époques différentes, ils préfèrent souvent, en réglant leur compte, réunir ces sommes en une seule dont l'échéance doit être telle qu'il n'y ait de perte pour aucun. C'est ce calcul qui constitue la règle de l'*échéance moyenne*.

(*) Autrefois le titre était exprimé en *carats* : ce mot désignait la 24e partie. Par exemple, de l'or à 18 carats contenait 18 fois la 24e partie de son poids d'or pur.

PROBLÈME 26. — *Un homme doit au même créancier trois sommes : 2468 francs payables dans 4 mois ; 1850 francs payables dans 7 mois ; 2645 francs payables dans 12 mois. A quelle époque devra avoir lieu le payement de ces trois sommes en une seule ?*

D'abord la somme totale à payer est 6963 fr.

En gardant 2468 francs pendant 4 mois, le débiteur peut faire le même bénéfice que s'il gardait pendant 1 mois une somme 4 fois plus forte : cette somme serait

$$2468 \times 4 = 9872 \text{ fr.}$$

Avec 1850 francs qu'il garderait pendant 7 mois, il peut faire le même bénéfice qu'avec une somme 7 fois plus forte en 1 mois : cette somme serait

$$1850 \times 7 = 12950 \text{ fr.}$$

Avec 2645 francs pendant 12 mois il peut avoir le même bénéfice qu'avec une somme 12 fois plus forte pendant 1 mois : cette somme serait

$$2645 \times 12 = 31740 \text{ fr.}$$

Le total de ces trois nouvelles sommes est   54562 fr.
Or le débiteur doit garder la somme à payer 6963 francs assez de temps pour qu'il fasse le même bénéfice qu'avec 54562 francs pendant 1 mois.

Si la somme à payer 6963 fr. était 2 fois, 3 fois plus petite que 54562 fr., on devrait la garder pendant 2 fois, 3 fois plus de temps ; donc le nombre de mois cherché est égal au nombre de fois que 6963 fr. sont contenus dans 54562 fr. En effectuant la division on trouve 7 mois 25 jours.

RÈGLE. — Du raisonnement précédent résulte la règle suivante : *On multiplie chaque somme par le nombre qui exprime le temps correspondant ; on divise ensuite la somme des produits par la somme totale à payer.*

PROBLÈMES.

101. Calculer l'intérê tannuel de 25740 fr. placés à $4\frac{1}{2}$ %.

102. Quel est le capital qui prêté à $5\frac{1}{4}$ % rapporte un intérêt annuel de 1264 fr.?

103. A quel taux est prêté un capital de 8450 qui rapporte chaque année un intérêt de 579^{fr},55?

104. Calculer l'intérêt d'un capital de 7640 fr. prêté à 5 % pour 4 mois 8 jours?

105. Calculer l'intérêt de 2547 fr. prêtés à $5\frac{3}{4}$ % pour 5 mois 12 jours?

106. Quel est le capital qui a rapporté au bout de 9 mois 11 jours à 4 % un intérêt de 613 fr.?

107. Quel est le capital qui avait été emprunté à $5\frac{1}{2}$ %, lorsqu'on rend 742 fr. pour l'intérêt et le capital?

108. Quel est le capital qui, après avoir été augmenté de son intérêt à $4\frac{3}{4}$ %, au bout de 8 mois 25 jours, a pris une valeur de 1462 fr?

109. Un particulier fait escompter chez un banquier au taux de $5\frac{1}{2}$ % un billet qui n'est payable que dans 125 jours. Quelle somme doit-il recevoir, sans compter les frais que retiendra encore le banquier?

110. On a retenu 22 fr. sur un billet escompté à $5\frac{1}{2}$ % pour 8 mois. Quel était le montant de ce billet?

111. Quelle somme doit-on employer pour acheter 745 fr. de rente $4\frac{1}{2}$ % au cours de 96^{fr},85?

112. A quel taux place-t-on son argent quand on achète de la rente 3 % au cours de 69^{fr},25?

113. Vaut-il mieux acheter de la rente 3 % au cours de 68^{fr},45 que de la rente $4\frac{1}{2}$ % au cours de 97^{fr},15 ?

114. Trois ouvriers ont fait un ouvrage pour lequel ils ont reçu 154 fr. Quelle part revient-il à chacun, le premier ayant travaillé pendant 8 jours, le second pendant 9 jours, et le troisième pendant 10 jours?

115. Diviser une somme de 65 fr. entre deux personnes de manière que la plus jeune ait les $\frac{3}{4}$ de la part de l'autre.

116. Un négociant qui a fait faillite laisse un actif de 45628 fr., et un passif de 264700 fr. Combien retirera un créancier à qui le négociant devait 58000 fr. ?

117. On a donné 268 fr. à deux ouvriers pour un ouvrage qu'ils ont fait en commun. Le premier y a travaillé 6 jours et 7 heures par jour ; le second 9 jours et 8 heures par jour. Que revient-il à chacun ?

118. Trois héritiers ont à se partager une prairie de 274 ares, de manière que la part du second soit les $\frac{2}{3}$ de celle de l'aîné, et celle du troisième les $\frac{3}{4}$ de celle du second. Quelle est la part de chacun?

119. Un marchand veut remplir un tonneau de 50 litres avec de l'eau-de-vie à 1^{r},20 et de l'eau-de-vie à 1^{r},35, de manière que le prix moyen du litre du mélange soit 1^{r},25. Combien doit-il mettre de litres de chaque qualité?

120. Un marchand veut faire un sac de farine de 75 kilogrammes, en mêlant de la farine à 62 centimes le kilogramme et de la farine à 70 centimes, de manière que le sac coûte 52^{r},50. Combien doit-il mettre de kilogrammes de chaque qualité?

DEUXIÈME PARTIE

CHAPITRE IX

PROPRIÉTÉS DES NOMBRES ENTIERS.

PRINCIPES RELATIFS AUX PRODUITS DE PLUSIEURS FACTEURS.

115. Changement dans l'ordre des facteurs d'un produit. — On a déjà vu (n° 38) que, dans une multiplication de deux ou trois facteurs, *on peut changer l'ordre des facteurs sans altérer le produit*. Le même principe s'applique à un produit d'un nombre quelconque de facteurs.

Pour le démontrer, il suffit de faire voir que dans le produit $3 \times 4 \times 7 \times 9$, par exemple, le dernier facteur 9 peut prendre la place de l'un quelconque des autres facteurs.

En effet, pour avoir ce produit, on devrait d'abord multiplier 3 par 4, ce qui donne 12 ; le produit proposé est donc la même chose que $12 \times 7 \times 9$.

Or dans ce produit de trois facteurs on peut changer l'ordre des deux derniers ; on a donc

$$12 \times 7 \times 9 = 12 \times 9 \times 7 = 3 \times 4 \times 9 \times 7.$$

Dans cette dernière expression, on doit d'abord effectuer le produit $3 \times 4 \times 9$: et comme on peut changer l'ordre des deux derniers facteurs 4 et 9, le produit $3 \times 4 \times 9$ est égal à $3 \times 9 \times 4$. On a donc

$$3 \times 4 \times 9 \times 7 = 3 \times 9 \times 4 \times 7.$$

Enfin, au lieu de multiplier d'abord 3 par 9, on peut multiplier 9 par 3 ; on a par conséquent

$$3 \times 9 \times 4 \times 7 = 9 \times 3 \times 4 \times 7.$$

On voit par là que le facteur 9, qui était d'abord au dernier rang, a passé successivement au troisième, au deuxième et au premier, et que tous ces produits sont égaux. Le principe est donc démontré.

116. Multiplication par un produit de plusieurs facteurs. — On a vu (n° 37) qu'*au lieu de multiplier un nombre par un produit de deux facteurs, on peut multiplier ce nombre par le premier facteur de ce produit, et le résultat par le second facteur.*

Le même principe est vrai quand il s'agit de multiplier le premier nombre par un produit de plusieurs facteurs.

Par exemple, 24 étant égal à $2 \times 3 \times 4$, au lieu de multiplier 7 par 24, on pourra multiplier 7 par 2, ce qui donne 14 ; puis 14 par 3, ce qui donne 42 ; et enfin 42 par 4, ce qui donne 168, c'est-à-dire qu'on aura

$$7 \times 24 = 7 \times 2 \times 3 \times 4.$$

En effet, puisqu'on peut changer l'ordre des facteurs, on a

$$7 \times 24 = 24 \times 7 = 2 \times 3 \times 4 \times 7 = 7 \times 2 \times 3 \times 4.$$

Le quatrième produit étant égal au premier, le principe est démontré.

117. Abréviation de la multiplication de plusieurs facteurs. — Quand on doit effectuer une multiplication de plusieurs facteurs, on peut suivre l'ordre que l'on veut ; cela permet quelquefois d'opérer plus rapidement.

Soit, par exemple, à chercher le produit

$$2 \times 3 \times 4 \times 5 \times 6 \times 7.$$

On multipliera d'abord 3 par 4 et par 5, ce qui donne 60 ; puis 6 par 7, ce qui donne 42. On multiplie ensuite 42 par 60, ce qui donne 2520 ; et enfin 2520 par 2. On trouve ainsi 5040 pour le produit cherché.

118. Changement qu'éprouve un produit quand un de ses facteurs est multiplié par un nombre. — *Si on multiplie un des facteurs d'un produit par un nombre, le produit tout entier est lui-même multiplié par ce nombre.*

Soit le produit $2 \times 3 \times 4 \times 7$. Si on multiplie 3 par 6, c'est-à-dire si on remplace 3 par 18, le produit $2 \times 18 \times 4 \times 7$ sera égal à 6 fois $2 \times 3 \times 4 \times 7$.

En effet, d'après le n° 115, on a d'abord

$$2 \times 18 \times 4 \times 7 = 2 \times 4 \times 7 \times 18.$$

D'après le n° 116, on a aussi

$$2 \times 4 \times 7 \times 18 = 2 \times 4 \times 7 \times 3 \times 6.$$

Enfin, en reportant le facteur 3 à sa place primitive, on trouve

$$2 \times 18 \times 4 \times 7 = 2 \times 4 \times 7 \times 3 \times 6 = 2 \times 3 \times 4 \times 7 \times 6.$$

Ce résultat démontre le principe énoncé.

119. Division d'un nombre par un produit de plusieurs facteurs. — *Pour diviser un nombre par un produit de plusieurs facteurs, on peut diviser ce nombre par le premier facteur du second, le quotient par le deuxième facteur, et ainsi de suite.*

Ce principe a déjà été démontré (n° 53) pour un produit de deux facteurs ; on peut répéter la même démonstration pour un produit de plusieurs facteurs.

En effet, soit $168 : 24$, le nombre 24 étant égal à $2 \times 3 \times 4$. Diviser 168 par 24, c'est diviser 168 en 24 parties égales. Or si on le partage d'abord en 2 parties égales, puis chacune de ces deux parties en 3 parties égales, le nombre est déjà divisé en 2 fois 3 parties égales, c'est-à-dire en 6 parties égales. Enfin si l'on divise chacune de ces 6 parties en 4 parties égales, on a di-

visé le nombre en 6 fois 4 parties égales, c'est-à-dire en 24 par-
ties égales.

PUISSANCES DES NOMBRES.

120. Puissance; exposant. — Lorsque tous les facteurs
d'un produit sont égaux, on dit que ce produit est une *puissance*
de ce facteur. Par exemple, 125 étant égal au produit $5 \times 5 \times 5$,
on dit que 125 est une puissance de 5.

On appelle donc puissance d'un nombre le produit de plu-
sieurs facteurs égaux à ce nombre.

Pour indiquer d'une manière abrégée une puissance d'un nom-
bre, on écrit ce nombre une seule fois, en plaçant au-dessus de
lui et un peu à droite le nombre qui indique combien de fois il
doit figurer comme facteur. Ce deuxième nombre s'appelle *expo-
sant.* On a ainsi

$$5 \times 5 \times 5 = 5^3 ; \qquad 6 \times 6 \times 6 \times 6 = 6^4.$$

L'exposant est donc un nombre qui, placé au-dessus d'un
autre nombre un peu à droite, indique combien de fois cet au-
tre nombre doit être pris comme facteur.

Le nombre des facteurs égaux qui forment la puissance con-
stitue le *degré* de la puissance. Ainsi $125 = 5^3$ est la 3ᵉ puissance
de 5.

La 1ʳᵉ puissance d'un nombre n'est autre chose que le nombre
lui-même.

La 2ᵉ puissance d'un nombre s'appelle ordinairement *carré*
du nombre, parce que le nombre qui exprime la surface d'un
carré n'est autre chose que la 2ᵉ puissance du nombre qui ex-
prime sa longueur (n° 89).

La 3ᵉ puissance d'un nombre s'appelle aussi *cube* du nombre,
parce que le nombre qui exprime le volume d'un cube n'est
autre chose que la 3ᵉ puissance du nombre qui exprime la lon-
gueur de l'arête (n° 95).

**121. Multiplication et division de deux puissances
d'un même nombre.** — *Pour avoir le produit de deux puis-*

sances d'un même nombre, il suffit d'écrire ce nombre avec un exposant égal à la somme des exposants qu'il a dans ces deux puissances.

En effet, soit $7^4 \times 7^2$. Pour avoir ce produit, on peut (n° 116) multiplier le multiplicande 7^4, ou, ce qui est la même chose, $7 \times 7 \times 7 \times 7$ d'abord par 7, ce qui donne $7 \times 7 \times 7 \times 7 \times 7$, puis ce résultat par 7. On trouve ainsi $7 \times 7 \times 7 \times 7 \times 7 \times 7$ ou 7^6, ce qui démontre la règle.

Réciproquement, *pour avoir le quotient de deux puissances d'un même nombre, il suffit d'écrire ce nombre avec un exposant égal à la différence des exposants qu'il a dans le dividende et le diviseur.*

En effet, soit $7^6 : 7^2$. Pour avoir ce quotient, on peut (n° 119) diviser d'abord le dividende par le premier facteur 7 du diviseur, ce qui donne 7^5, puis diviser le résultat 7^5 par le second facteur 7 ; on obtient ainsi 7^4 : ce qui démontre la règle énoncée.

CHAPITRE X

PROPRIÉTÉS DES NOMBRES ENTIERS

(SUITE)

—

DIVISIBILITÉ DES NOMBRES.

122. Sens du mot divisible. — On dit qu'un nombre est *divisible* par un autre, lorsque la division du premier par le second donne un quotient entier, sans reste. Ainsi 12 est divisible par 3.

Le second nombre est un *diviseur* ou un *facteur* du premier. On dit aussi que le premier nombre est un *multiple* du second, c'est-à-dire qu'il le contient un nombre entier de fois.

Il est souvent utile de savoir d'avance si un nombre donné est divisible par un autre nombre. On peut le reconnaître facilement, quand il s'agit de la divisibilité par un des nombres 2, 3, 4, 5, 8, 9, 10, 11. C'est ce que nous allons démontrer dans ce chapitre.

123. Principe relatif à la divisibilité de la somme ou de la différence de deux nombres. — *Tout diviseur commun à deux nombres divise leur somme et leur différence.*

Soit par exemple 4 qui divise à la fois les deux nombres 52 et 28 ; je dis qu'il divisera 80, qui est égal à 52 + 28,

$$\text{et } 24, \text{ qui est égal à } 52 - 28.$$

En effet, on a

$$52 = 13 \text{ fois } 4 ; \quad 28 = 7 \text{ fois } 4.$$

On a donc

$$80 = 52 + 28 = 13 \text{ fois } 4 + 7 \text{ fois } 4 = 20 \text{ fois } 4.$$
$$24 = 52 - 28 = 13 \text{ fois } 4 - 7 \text{ fois } 4 = 6 \text{ fois } 4.$$

Ainsi la somme 80 et la différence 24 sont des multiples de 4, et par conséquent divisibles par 4.

124. Principe relatif à la divisibilité des multiples d'un nombre. — *Tout diviseur d'un nombre divise aussi les multiples de ce nombre.*

Soit 4 qui divise 52; je dis qu'il divisera par exemple 312, qui est égal à 6 fois 52.

En effet, comme 52 est égal à 13 fois 4, on a

$$312 = 6 \text{ fois } 52 = 6 \text{ fois } 13 \text{ fois } 4.$$

Puisque 312 contient un nombre entier de fois 4, il est divisible par 4.

CARACTÈRES DE DIVISIBILITÉ PAR 10, 2, 5, 4, 8, 9, 3, 11.

125. Divisibilité par 10, 100. — *Un nombre est divisible par 10, quand il est terminé par un zéro; par 100, quand il est terminé par deux zéros; par 1000, quand il est terminé par trois zéros.*

Cela est évident, et n'a pas besoin d'être démontré.

126. Divisibilité par 2. — *Tout nombre terminé par un des chiffres* 0, 2, 4, 6, 8, *est divisible par* 2.

En effet, soit 1456. On peut le décomposer en deux parties 1450 + 6.

La première partie 1450, étant un multiple de 10, est aussi un multiple de 2; elle est par conséquent divisible par 2. La seconde partie 6 est aussi divisible par 2. Puisque 2 divise les deux nombres 1450 et 6, il divise leur somme.

Un nombre divisible par 2 s'appelle nombre *pair*; un nombre qui n'est pas divisible par 2 s'appelle nombre *impair*.

Remarque. — Un nombre terminé par un des chiffres impairs 1, 3, 5, 7, 9, n'est pas divisible par 2. En effet, la partie des dizaines du nombre est divisible par 2 ; mais le chiffre des unités contient un nombre entier de fois 2 plus 1. Le nombre est donc égal à un nombre entier de fois 2 plus 1, et par conséquent n'est pas un multiple de 2.

127. Divisibilité par 5. — *Tout nombre terminé par 0 ou par 5 est divisible par 5.*

En répétant ce qui vient d'être dit pour la divisibilité par 2, on voit que la partie des dizaines d'un nombre étant divisible par 5, le nombre sera divisible par 5, si la seconde partie formée par le chiffre des unités est elle-même divisible par 5, c'est-à-dire si ce chiffre est 0 ou 5.

Remarque. — Si un nombre n'est pas divisible par 5, le reste de la division ne provient que du chiffre des unités, puisque la partie des dizaines est divisible par 5.

128. Divisibilité par 4. — *Un nombre est divisible par 4, lorsque le nombre formé par ses deux derniers chiffres à droite est divisible par 4.*

Soit 6748. Décomposons-le en deux parties 6700 + 48.

La première partie, étant un multiple de 100, est aussi un multiple de 4, puisque 100 est égal à 25 fois 4 ; elle est donc divisible par 4. La seconde partie 48 est aussi divisible par 4. Puisque 4 divise 6700 et 48, il divise leur somme.

Remarque. — Si le nombre formé par les deux derniers chiffres n'est pas divisible par 4, le nombre ne l'est pas non plus, et le reste de la division du nombre par 4 est le même que le reste obtenu en divisant par 4 le nombre formé par les deux derniers chiffres.

129. Divisibilité par 8. — *Un nombre est divisible par 8, lorsque le nombre formé par les trois derniers chiffres à droite est divisible par 8.*

En effet, la partie des mille étant terminée par trois zéros, est un multiple de 1000, et par conséquent de 8, puisque 1000 égale 125 fois 8. Par conséquent si la partie, formée par les trois derniers chiffres est divisible par 8, le nombre tout entier sera divisible par 8.

Remarque. — Si le nombre formé par les trois derniers chiffres à droite d'un nombre n'est pas divisible par 8, ce dernier nombre n'est pas divisible par 8, et le reste de la division est le même que celui qu'on obtient en divisant par 8 le nombre formé par les trois derniers chiffres.

130. Divisibilité par 9. — *Un nombre est divisible par 9, lorsque la somme de ses chiffres est divisible par 9.*

Pour le faire voir, démontrons d'abord qu'*une unité d'un ordre quelconque est égale à un multiple de 9 augmenté de 1.*

En effet, on a

$$10 = \qquad + \; 91$$
$$100 = \quad 99 + 1 = 9 \times 11 + 1$$
$$1000 = 999 + 1 = 9 \times 111 + 1 \; \text{etc.}$$

On a par conséquent

$$2 \, \text{fois} \; 10 = 2 \, \text{fois} \, (\, 9 + 1) = 2 \, \text{fois} \; 9 + 2 \, \text{fois} \, 1 = 9 \times 2 + 2$$
$$3 \, \text{fois} \, 100 = 3 \, \text{fois} \, (99 + 1) = 3 \, \text{fois} \, 99 + 3 \, \text{fois} \, 1 = 99 \times 3 + 3$$

Ainsi 1, 2, 3... unités d'un ordre quelconque valent un multiple de 9 augmenté de 1, 2, 3... unités simples.

Soit maintenant un nombre quelconque 4563.
On a, d'après ce qui précède,

$$4000 = \text{mult. de } 9 + 4$$
$$500 = \text{mult. de } 9 + 5$$
$$60 = \text{mult. de } 9 + 6$$
$$3 = \qquad\qquad 3$$

En additionnant ces égalités membre à membre, et en observant que la somme de trois multiples de 9 est aussi un multiple de 9, on trouve.

$$4563 = \text{mult. de } 9 + (4 + 5 + 6 + 3).$$

Ainsi tout nombre peut être regardé comme la somme de deux parties : l'une qui est un multiple de 9, et l'autre qui est égale à la somme des chiffres de ce nombre. Or la première étant divisible par 9, si la seconde est divisible par 9, le nombre est divisible par 9.

Remarque. — Si la somme des chiffres d'un nombre n'est pas divisible par 9, ce nombre n'est pas divisible par 9, et pour avoir le reste de la division du nombre par 9, il suffit de diviser par 9 la somme des chiffres du nombre.

131. Divisibilité par 3. — *Un nombre est divisible par 3 lorsque la somme de ses chiffres est divisible par 3.*

En effet, on vient de montrer qu'un nombre peut toujours être regardé comme étant la somme de deux parties dont l'une est un multiple de 9, et dont l'autre est égale à la somme des chiffres du nombre. Or la première, étant un multiple de 9, est aussi un multiple de 3 ; donc si la seconde partie est divisible par 3, le nombre est aussi divisible par 3.

Remarque. — Lorsque la somme des chiffres d'un nombre n'est pas divisible par 3, ce nombre n'est pas divisible par 3, et pour avoir le reste de la division du nombre par 3, il suffit de diviser par 3 la somme des chiffres du nombre.

132. Divisibilité par 11.—*Un nombre est divisible par 11 lorsque la différence entre la somme de ses chiffres de rangs impairs à partir de la droite et la somme des chiffres de rangs pairs est nulle ou divisible par 11.*

Pour le faire voir, observons d'abord qu'*un nombre qui n'est composé que de chiffres égaux à 9, suivis ou non de zéros, est un multiple de 11 quand ces chiffres sont en nombre pair, et n'est pas divisible par 11 quand ces chiffres sont en nombre impair.*

En effet, on a

$$99 = 11 \times 9; \qquad 999 = 11 \times 90 + 9;$$
$$9999 = 11 \times 909; \qquad 99999 = 11 \times 9090 + 9.$$

Démontrons maintenant qu'*une unité de rang impair est égale à un multiple de 11 augmenté de 1, et qu'une unité de rang pair est égale à un multiple de 11 diminué de 1.*

En effet, on a

$$\begin{aligned}
10 &= 11 - 1 \\
100 &= 99 + 1 = \text{mult. de } 11 + 1 \\
1000 &= 990 + 10 = 990 + 11 - 1 = \text{mult. de } 11 - 1. \\
10000 &= 9999 + 1 = \text{mult. de } 11 + 1 \text{ etc.;}
\end{aligned}$$

On a par conséquent

$$2 \text{ fois } 10 = 2 \text{ fois } (11 - 1) = 2 \text{ fois } 11 - 2 \text{ fois } 2 = \text{mult. de } 11 - 2$$
$$3 \text{ fois } 100 = 3 \text{ fois } (99 + 1) = 3 \text{ fois } 99 + 3 \text{ fois } 1 = \text{mult. de } 11 + 3$$

Ainsi 1, 2, 3... *unités de rang impair valent un multiple de 11 augmenté de 1, 2, 3... unités simples, et 1, 2, 3... unités de rang pair valent un multiple de 11 diminué de 1, 2, 3... unités simples.*

Soit maintenant un nombre quelconque 94325.

On a, d'après ce qui précède,

$$\begin{aligned}
90000 &= \text{mult. de } 11 + 9 \\
4000 &= \text{mult. de } 11 - 4 \\
300 &= \text{mult. de } 11 + 3 \\
20 &= \text{mult. de } 11 - 2 \\
5 &= \qquad\qquad 5
\end{aligned}$$

En additionnant ces égalités membre à membre, et en observant que la somme de quatre multiples de 11 est aussi un multiple de 11, on trouve

$$94325 = \text{mult. de } 11 + (9 - 4 + 3 - 2 + 5).$$

De plus, comme au lieu de retrancher d'abord 4 de la somme $9 + 3 + 5$, et de retrancher ensuite 2 du reste, il revient au même de retrancher en une seule fois la somme $4 + 2$, on obtient

$$94325 = \text{mult. de } 11 + (9 + 3 + 5) - (4 + 2).$$

Ainsi tout nombre peut être regardé comme la somme de deux parties : l'une qui est un multiple de 11, et l'autre qui est égale à la somme de ses chiffres de rangs impairs diminuée de la somme de ses chiffres de rangs pairs. Or, la première étant divisible par 11, si la seconde partie est divisible par 11, le nombre est lui-même divisible par 11.

REMARQUES. — 1° Si la différence entre la somme des chiffres de rangs impairs et la somme des chiffres de rangs pairs n'est pas nulle ou divisible par 11, le nombre n'est pas divisible par 11, et le reste que laisse la division est le même que celui qu'on obtient en divisant par 11 la différence qu'il y a entre la somme des chiffres de rangs impairs et la somme des chiffres de rangs pairs.

2° Si la somme des chiffres de rangs pairs surpasse celle des chiffres de rangs impairs, on augmente d'abord cette dernière somme de 11, ou de 2 fois 11, si c'est nécessaire, pour qu'on puisse faire la soustraction. La différence entre les deux sommes contient seulement 1 fois ou 2 fois de plus le nombre 11; par conséquent, le reste de la division de cette différence par 11 n'est pas altéré.

133. Remarque sur la divisibilité par 6 et par 7. — Dans ce qui précède, nous avons trouvé les caractères auxquels on reconnaît qu'un nombre est divisible par l'un des 11 premiers nombres entiers, excepté 6 et 7.

Il existe aussi des caractères de divisibilité d'un nombre par 6 et par 7 ; mais ils ne sont pas assez simples pour pouvoir être employés utilement.

Au sujet de 6, on peut ajouter que ce nombre étant égal à 2×3, tout nombre divisible par 2 et par 3 est divisible par 6. Mais cela a besoin d'être démontré ; car il n'en est pas toujours ainsi pour un nombre quelconque. Ainsi un nombre peut être divisible par 4 et par 6, sans l'être pour cela par $4 \times 6 = 24$; tel est le nombre 36 (voy. le n° 141).

PREUVE DE LA MULTIPLICATION PAR 9.

134. Principe de la preuve par 9. — La preuve de la multiplication par 9 indiquée au n° 40 n'est qu'une application du principe suivant relatif à la divisibilité des nombres.

Deux facteurs et leur produit étant donnés, le reste de la division de ce produit par 9 est le même que celui qu'on obtient en divisant par 9 le produit des restes que laissent le multiplicande et le multiplicateur divisés eux-mêmes par 9.

Soit par exemple $58 \times 47 = 2726$. On a

$$58 = \text{mult. de } 9 + 4,$$

$$47 = \text{mult. de } 9 + 2.$$

Or, dans la multiplication de deux nombres, on doit multiplier les diverses parties du multiplicande par chaque partie du multiplicateur. En considérant donc les deux parties de 58 et de 47, on voit qu'on doit avoir

$$2726 = \text{mult. de } 9 \times \text{mult. de } 9 + 4$$
$$\times \text{mult. de } 9 + \text{mult. de } 9 \times 2 + 4 \times 2.$$

ou, ce qui est la même chose,

$$2726 = \text{mult. de } 9 + 4 \times 2.$$

Ainsi ce produit se compose de deux parties dont l'une est un multiple de 9, et l'autre est le produit des restes obtenus en divisant le multiplicande et le multiplicateur par 9. Donc le reste de la division du produit 2726 par 9 n'est autre chose que le reste de la division du produit 4×2 par 9.

REMARQUE. — Il est bon d'observer que cette propriété appartient à tous les nombres et non pas seulement à 9. On a adopté 9 pour faire la preuve de la multiplication et de la division, à cause de la facilité avec laquelle on peut trouver le reste de la division d'un nombre par 9 (n° 130, Rem.).

CHAPITRE XI

PROPRIÉTÉS DES NOMBRES ENTIERS

(SUITE)

NOMBRES PREMIERS.

135. Définition des nombres premiers. — Un nombre peut être formé par l'addition ou la multiplication de deux autres; ainsi 12 est égal à $8 + 4$ ou à 3×4. Or si on envisage la génération des nombres seulement au point de vue de la multiplication, il y en a qui ne peuvent pas être ainsi formés; tels sont les nombres 3, 5, 7..., etc. Ils doivent donc être regardés comme existant par eux-mêmes, avant ceux qui sont les produits d'autres nombres : c'est pour cela qu'on les appelle *nombres premiers*.

La définition ordinaire de ces nombres est la suivante :

On appelle nombre premier un nombre qui n'a pas d'autre diviseur que lui-même et l'unité.

Par analogie, on dit que deux nombres sont *premiers entre eux* lorsqu'ils n'ont pas d'autre diviseur commun que l'unité. Par exemple, 8 et 15 sont premiers entre eux, quoique chacun en particulier ne soit pas un nombre premier.

136. La suite des nombres premiers est illimitée. — Quelque grand que soit un nombre premier, il y en a encore d'autres supérieurs à lui.

En effet, représentons par n un nombre premier aussi grand qu'on voudra le supposer.

Formons le produit de tous les nombres premiers depuis 1 jusqu'à n, et ajoutons 1 à ce produit. Si le nombre ainsi obtenu $1 \times 2 \times 3 \times 5 \times ... n + 1$ est premier, le principe est démontré. S'il n'est pas premier, on voit qu'il n'est divisible par aucun des nombres premiers compris dans la suite 1, 2, 3, 5... n; car la division donnera toujours le reste 1. Dans ce cas, le nombre qui le divise sera supérieur à n. Il y a donc toujours un diviseur premier plus grand que n (*).

137. Moyen de reconnaître si un nombre donné est premier. — Prenons pour exemple le nombre 257. D'après les caractères de divisibilité connus, on voit d'abord qu'il n'est divisible par aucun des nombres premiers 2, 3, 5, 11. En le divisant par 7, par 13, par 17, on trouve aussi qu'il n'est divisible par aucun de ces trois nombres premiers.

Or il n'est pas nécessaire de pousser les essais plus loin. En effet, la division de 257 par 13 donne le quotient 19; la division par 17 donne le quotient 15. Le quotient de cette dernière division est donc plus petit que le diviseur premier essayé, au lieu qu'auparavant il était plus grand. Or, s'il y avait pour 257 un diviseur premier supérieur à 17, en divisant 257 par ce diviseur premier, on obtiendrait un quotient qui serait lui-même un diviseur de 257, inférieur à 17. Ainsi le nombre 257 aurait un ou plusieurs diviseurs premiers inférieurs à 17, ce qui n'a pas lieu.

De là on peut énoncer la règle suivante : *Lorsqu'on trouve qu'un nombre donné n'est divisible par aucun des nombres premiers depuis 2 jusqu'au nombre premier qui donne un quotient plus petit que lui-même, on est alors assuré que le nombre donné est premier.*

138. Table des nombres premiers. — Pour éviter ces nombreuses divisions qu'il faudrait faire, si l'on voulait savoir si un nombre est premier ou non, on a formé des tableaux comprenant tous les nombres premiers depuis 1 jusqu'à une limite plus ou moins reculée : c'est ce qu'on appelle *tables* des nombres premiers.

(*) Dans la plupart des traités d'arithmétique, on dit que le nombre $1 \times 2 \times 3 \times 5 \times \ldots n + 1$ est premier. Cette conclusion est contraire à la vérité; car on trouve

$$1 \times 2 \times 3 \times 5 \times 7 \times 11 \times 13 + 1 = 30031.$$

Or 30031 est divisible par 59 et par 509; car il est égal à 59×509.

Pour faire comprendre la marche à suivre dans la construction des tables, supposons qu'on veuille former la table des nombres premiers depuis 1 jusqu'à 100.

D'abord tous les nombres pairs, excepté 2, n'étant pas premiers, on les supprime, et on écrit la suite des nombres impairs jusqu'à 100, en y conservant 2. On a ainsi

$$1.\ 2.\ 3.\ 5.\ 7.\ 9.\ 11.\ 13.\ 15.\ 17.\ 19.\ 21.\ 23.\ 25.$$
$$27.\ 29.\ 31.\ 33.\ 35.\ 37.\ 39.\ 41.\ 43.\ 45.\ 47....$$

Pour en faire disparaître tous les multiples de 3, il suffira de supprimer le troisième nombre de chaque groupe formé de trois nombres, à partir de 3 exclusivement. En effet, 5 surpasse 3 de 2; le suivant 7 surpasse 3 de 2 fois 2; le troisième 9 surpasse 3 de 3 fois 2. Il est donc égal à 3 augmenté d'un multiple de 3. On verrait de même que 15 est égal à 9 augmenté d'un multiple de 3, et ainsi de suite.

En raisonnant de la même manière, on trouve que pour chasser tous les multiples de 7 il faudra supprimer le septième nombre de chaque groupe formé de sept nombres, à partir de 7 exclusivement.

En continuant ainsi pour 11, 13, 17, etc., on enlèvera tous les nombres non premiers compris entre 1 et 100, et il ne restera que les nombres premiers.

139. Décomposition d'un nombre en facteurs premiers. — Soit par exemple à trouver les facteurs premiers de 5544.

D'abord ce nombre est divisible par 2; on a

$$5544 = 2 \times 2772$$

Le quotient est divisible par 2; on a $\qquad 2772 = 2 \times 1586$

Le 2ᵉ quotient est divisible par 2; on a $\qquad 1386 = 2 \times 693$

Le 3ᵉ quotient est divisible par 3; on a $\qquad 693 = 3 \times 231$

Le 4ᵉ quotient est divisible par 3; on a $\qquad 231 = 3 \times 77$

Le 5ᵉ quotient est divisible par 7; on a $\qquad 77 = 7 \times 11$

Le 6ᵉ quotient 11 étant un nombre premier, l'opération s'arrête.

Remplaçant ensuite dans chaque égalité le quotient par la valeur que donne l'égalité suivante, on trouve

$$231 = 3 \times 7 \times 11 ;$$
$$693 = 3 \times 3 \times 7 \times 11$$
$$1386 = 2 \times 3 \times 3 \times 7 \times 11$$
$$2772 = 2 \times 2 \times 3 \times 3 \times 7 \times 11$$
$$5544 = 2 \times 2 \times 2 \times 3 \times 3 \times 7 \times 11 = 2^3 \times 3^2 \times 7 \times 11.$$

RÈGLE. — *Pour décomposer un nombre en facteurs premiers, on le divise d'abord par le plus petit facteur premier 2, s'il est divisible par 2 ; on divise encore par 2 le quotient de cette première division, le quotient de la seconde, et ainsi de suite jusqu'à ce qu'on arrive à un quotient non divisible par 2.*

On le divise alors par 3, s'il est divisible par 3 ; on divise encore par 3 le quotient de la division précédente, jusqu'à ce qu'on trouve un quotient non divisible par 3.

5544	2
2772	2
1386	2
693	3
231	3
77	7
11	11

On continue ainsi en essayant les autres diviseurs premiers 5, 7, 11, etc., jusqu'à ce qu'on arrive à un quotient qui soit lui-même un nombre premier.

On dispose ordinairement l'opération comme dans le tableau ci-contre.

140. Propriété caractéristique des facteurs premiers —De quelque manière qu'on répète la décomposition précédente, on ne trouvera jamais d'autres facteurs premiers que ceux qui ont été obtenus, de sorte que 5544 ne peut pas être le produit de facteurs premiers différents de ceux-là.

Quand il s'agit de facteurs non premiers, il y a plusieurs systèmes de facteurs pour reproduire un nombre donné ; par exemple, 48 est égal à 4×12 ou à $2 \times 8 \times 3$ ou à 3×16.

Mais il n'y a qu'un seul système de facteurs premiers égal à un nombre donné (*).

De cette propriété caractéristique des facteurs premiers découlent plusieurs conséquences dont nous allons indiquer les plus importantes.

(*) On peut donner une démonstration rigoureuse de ce principe ; elle repose sur la théorie de la recherche du plus grand commun diviseur de deux nombre par des divisions successives. (Voir à la fin de l'ouvrage le chapitre complémentaire, page 177.)

141. Composition de deux nombres dont l'un est divisible par l'autre. — 1° *Un nombre est divisible par un autre lorsqu'il contient tous les facteurs premiers du second avec des exposants au moins égaux à ceux qu'ils ont dans le second.*

Pour abréger, désignons par a et b deux nombres tels, qu'on ait

$$a = 2^3 \times 5^2 \times 7 \times 11,$$
$$b = 2^2 \times 5 \times 11.$$

Tous les facteurs premiers de b étant contenus dans a, je dis que a est divisible par b.

En effet, on peut séparer les facteurs de a en deux groupes, dont l'un renferme seulement tous les facteurs de b. On a ainsi

$$a = (2^2 \times 5 \times 11) \times (2 \times 5 \times 7) = b \times (2 \times 5 \times 7).$$

Sous cette forme on voit que a est un multiple de b, et que le quotient de a divisé par b se compose de tous les facteurs de a qui ne sont pas dans b.

2° *Un nombre n'est pas divisible par un autre quand le second contient des facteurs premiers qui ne sont pas dans le premier, ou qu'un facteur a dans le second un exposant plus fort que dans le premier.*

Considérons les deux nombres

$$a = 2^3 \times 5^2 \times 7 \times 11,$$
$$c = 2 \times 3 \times 7.$$

Comme le facteur 3 de c ne se trouve pas dans a, le nombre c ne peut diviser a.

En effet, quel que soit le nombre entier par lequel on multipliera c, on n'obtiendra jamais le nombre a ; car le produit de cette multiplication contenant le facteur premier 3 ne pourra pas être égal au nombre a, qui ne contient pas ce facteur.

Divisibilité par 6. — Des deux principes précédents il résulte que pour qu'un nombre soit divisible par 6, il faut et il suffit qu'il contienne les facteurs premiers 2 et 3 de 6. Ainsi, *un* *nombre est divisible par 6 quand il est pair et que la somme de ses chiffres est divisible par 3 (*).*

142. Détermination du plus grand diviseur commun à plusieurs nombres. — *Pour trouver le plus grand diviseur commun à plusieurs nombres, il faut d'abord les décomposer en facteurs premiers. On forme ensuite le produit de tous les facteurs premiers communs à ces nombres, en donnant à chacun son plus petit exposant.*

Soit, par exemple, à trouver le plus grand diviseur commun aux nombres 936, 714 et 324.

Par la décomposition en facteurs premiers, on obtient

$$936 = 2^2 \times 3 \times 39,$$
$$714 = 2 \times 3 \times 7 \times 17,$$
$$324 = 2^2 \times 3^4.$$

Or, pour qu'un nombre divise d'autres nombres, il ne doit contenir que des facteurs communs à ces nombres; donc le plus grand diviseur commun aux nombres 936, 714 et 324 est

$$2 \times 3 = 6.$$

REMARQUE. — Si on divise ces trois nombres par leur plus grand diviseur commun 6, ce qui revient à leur ôter les facteurs 2 et 3 qui leur sont communs, les quotients ainsi obtenus 156, 119 et 54 sont premiers entre eux.

143. Détermination du plus petit multiple commun de plusieurs nombres. — *Pour trouver le plus petit multi-*

(*) A propos de la divisibilité par 6 (n° 133), on a fait observer qu'un nombre divisible par deux autres nombres n'est pas toujours divisible par leur produit, et on a cité 36 qui est divisible par 4 et par 6, et qui ne l'est pas par $4 \times 6 = 24$.

Il est facile de s'en rendre compte. En effet, pour que 36 soit divisible par 4 et par 6, il suffit qu'il contienne les facteurs premiers de ces deux nombres, c'est-à-dire 2^2 et 3. Mais comme 2 est facteur commun à 4 et 6, le produit 24 contient trois facteurs premiers égaux à 2; par conséquent, le nombre 36 ne renfermant que les facteurs strictement nécessaires pour qu'il soit divisible par 4 et par 6, ne le sera pas par 24. De cette explication résulte le principe suivant : *quand un nombre est divisible par d'autres nombres, il est divisible par leur produit, si ces nombres sont premiers entre eux.*

ple commun de plusieurs nombres, c'est-à-dire le plus petit nombre qui soit divisible par tous ces nombres, il faut d'abord les décomposer en facteurs premiers. On forme ensuite le produit de tous les facteurs premiers obtenus, en écrivant chaque facteur une seule fois avec son plus grand exposant.

Soit, par exemple, à trouver le plus petit multiple commun des nombres 28, 18 et 12.

Par la décomposition en facteurs premiers, on trouve

$$28 = 2^2 \times 7; \quad 18 = 2 \times 3^2; \quad 12 = 2^2 \times 3.$$

Or, pour qu'un nombre soit divisible par d'autres nombres, il doit contenir tous les facteurs premiers de ces nombres. Le plus petit nombre divisible par 28, 18 et 12 est donc

$$2^2 \times 3^2 \times 7 = 252.$$

Remarque. — La recherche du plus petit multiple commun de plusieurs nombres permet de réduire les fractions au plus petit dénominateur commun.

En effet, d'après ce qui a été dit au n° 71, *il faudra chercher le plus petit multiple commun des dénominateurs; on divisera ce multiple par chaque dénominateur, et on multipliera les deux termes de chaque fraction par le quotient correspondant.*

CHAPITRE XII

CONVERSION DES FRACTIONS

CONVERSION D'UNE FRACTION ORDINAIRE EN FRACTION DÉCIMALE.

144. Caractère auquel on reconnaît qu'une fraction ordinaire peut être convertie exactement en fraction décimale. — On a vu (n°s 65 et 66) que certaines fractions ordinaires peuvent être converties exactement en fractions décimales, et que d'autres donnent lieu à des fractions décimales contenant un nombre de chiffres illimité. Nous allons montrer maintenant comment on reconnaît d'avance si une fraction ordinaire peut être convertie exactement ou non en fraction décimale. Nous ne considérerons que des fractions ordinaires dont les deux termes sont premiers entre eux, c'est-à-dire des fractions qui ne peuvent plus être simplifiées.

1° *Une fraction ordinaire peut être convertie exactement en fraction décimale, quand son dénominateur ne contient pas d'autres facteurs premiers que 2 et 5.*

Prenons, par exemple, la fraction $\frac{7}{8}$, dont le dénominateur est égal à 2^3.

Pour opérer cette conversion, on divise par 8 le numérateur 7 suivi d'un certain nombre de zéros, et pour que la division se termine, il faut que 7 suivi d'un certain nombre de zéros contienne tous les facteurs premiers du dénominateur (n° 141). Or cela arrivera toujours, si le dénominateur n'est composé que de facteurs premiers égaux à 2 ou à 5; car chaque zéro mis au numérateur le multiplie par 10, par conséquent par 2 et par 5.

On voit de plus que le nombre des zéros à employer, et par conséquent le nombre des chiffres décimaux de la fraction, sera égal au plus fort des exposants que les facteurs 2 et 5 ont dans le dénominateur. Ainsi la fraction décimale correspondante à $\frac{7}{8}$ aura trois chiffres décimaux.

2° Une fraction ordinaire ne peut pas être convertie exactement en fraction décimale lorsque son dénominateur contient d'autres facteurs premiers que 2 et 5, et elle donne toujours lieu à une fraction périodique.

Prenons pour exemple la fraction $\frac{7}{12}$, dont le dénominateur est égal à $2^2 \times 3$. Quel que soit le nombre de zéros qu'on mette à la droite de 7 pour faire la division, le dividende ne contiendra jamais le facteur 3, puisque les zéros n'y introduisent que les facteurs 2 et 5 ; la division ne se terminera donc jamais (n° 141).

De plus, si on pousse l'opération assez loin, les premiers chiffres du quotient se reproduiront indéfiniment dans le même ordre, c'est-à-dire que la fraction décimale sera périodique. En effet, la division de 7 par 12 ne peut pas se terminer ; en outre les restes des divisions successives devant être inférieurs à 12, quand on aura fait *au plus* onze divisions, on retrouvera nécessairement un des restes précédents, et comme on place toujours un zéro à la droite de chaque reste, on recommence alors les mêmes opérations avec les mêmes nombres, ce qui ramène les mêmes chiffres au quotient.

Le groupe des chiffres qui se répètent est ce qu'on appelle *période*.

Remarque. — Il y a des fractions périodiques où les chiffres périodiques commencent immédiatement après la virgule, par exemple 0,734 734... Il y en a d'autres où les chiffres périodiques ne commencent qu'à un rang plus ou moins éloigné de la virgule, par exemple 0,28 734 734... Les premières sont des fractions périodiques *pures* ou *simples* ; les autres sont des fractions périodiques *mixtes*.

CONVERSION D'UNE FRACTION DÉCIMALE EN FRACTION ORDINAIRE.

145. Fraction décimale ayant un nombre limité de chiffres décimaux. — *Pour donner à une fraction décimale, qui n'est pas périodique, la forme d'une fraction ordinaire, on supprime la virgule, et on écrit au-dessous pour dénominateur 1 suivi d'autant de zéros qu'il y avait de chiffres décimaux.*

Ainsi les fractions $0,24$; $0,068$ s'écriront $\dfrac{24}{100}$; $\dfrac{68}{1000}$.

Fraction décimale périodique. — Quand il s'agit d'une fraction décimale périodique, la règle précédente n'est pas applicable. Il faut alors distinguer deux cas.

1° *Pour avoir la fraction ordinaire d'où provient une fraction décimale périodique simple, on prend pour numérateur la période, et pour dénominateur un nombre composé d'autant de 9 qu'il y a de chiffres dans la période.*

En effet, considérons la fraction $0,34\,34...$ dont la période est 34, et pour abréger désignons la fraction par f. En portant la virgule à droite de la première période, ce qui multiplie la fraction par 100, on a

$$100\,f = 34,3434...$$

Retranchons $$f = 0,3434...$$

On trouve pour reste $$99\,f = 34$$

Puisque 99 fois la fraction f valent 34, la fraction elle-même vaut 99 fois moins; on obtient donc $f = \dfrac{34}{99}$, ce qui démontre la règle.

2° *Pour avoir la fraction ordinaire d'où provient une fraction périodique mixte, on prend pour numérateur la différence qu'il y a entre le nombre formé par les chiffres non périodiques et la première période, abstraction faite de la virgule, et le nombre formé par ces chiffres non périodiques; pour dénominateur un nombre composé d'autant de 9 qu'il y a de chiffres dans la période, suivis d'autant de zéros qu'il y a de chiffres non périodiques.*

Soit la fraction 0,634 34 34...

Désignons cette fraction par f, et portons la virgule à droite de la première période, ce qui multiplie la fraction par 1000 ; plaçons-la aussi à gauche de la première période, ce qui multiplie la fraction par 10. Nous aurons

$$1000\,f = 634{,}3434\ldots$$
$$10\,f = 6{,}3434\ldots$$

Retranchant la 2e quantité de la 1re, on trouve

$$990\,f = 634 - 6 = 628,\ \text{d'où } f = \frac{628}{990},$$

ce qui démontre la règle énoncée.

CHAPITRE XIII

APPROXIMATIONS NUMÉRIQUES.

OPÉRATIONS ABRÉGÉES.

146. Possibilité d'abréger une opération. — Il peut arriver que dans un calcul les nombres donnés contiennent beaucoup de chiffres, et qu'il suffise cependant d'obtenir le résultat avec moins de chiffres. Par exemple, deux nombres ayant cinq chiffres décimaux chacun, leur produit, obtenu d'après la règle ordinaire, aura dix chiffres décimaux. Or si l'on a besoin de connaître ce produit seulement jusqu'aux centièmes, les huit derniers chiffres seront inutiles. Il est donc important d'éviter les opérations qui ont amené ces chiffres, et de ne conserver pour le calcul dans les nombres donnés que les chiffres strictement nécessaires.

L'*erreur* d'un nombre approché est ce qu'il faudrait lui ajouter pour qu'il fût égal au nombre exact. Quelquefois le nombre approché est plus fort que le nombre exact. Dans le premier cas, le nombre est approché *par défaut*; dans le second, *par excès*.

En général, on ne connaît pas l'erreur qui affecte un nombre; il suffit de savoir qu'elle est moindre qu'une certaine quantité donnée. Cette quantité est appelée *limite supérieure*, ou simplement *limite* de l'erreur.

147. Addition. — Il est évident que si l'on additionne plusieurs nombres approchés par défaut, leur somme est trop faible de tout ce qui manque à chacun d'eux. De là le principe suivant :

Quand on additionne plusieurs nombres approchés dans le même sens, l'erreur de la somme est égale à la somme des erreurs de ces nombres.

PROBLÈME 1. — *On a mesuré quatre règles en négligeant les millimètres. La première a* $1^m,32$; *la seconde a* $1^m,48$; *la troisième a* $1^m,25$; *la quatrième a* $1^m,19$. *Quelle est la longueur totale formée par ces règles placées les unes à la suite des autres ?*

La somme de ces quatre nombres est $5^m,24$. Mais comme chaque nombre est trop faible d'une quantité moindre que 1 centimètre, cette somme est elle-même trop faible d'une quantité moindre que 4 centimètres. La longueur véritable pourrait donc être $5^m,24$; $5^m,25$; $5^m,26$ ou $5^m,27$.

Comme on ne connaît pas le véritable chiffre des centimètres, on peut le supprimer. Mais le nombre $5^m,24$ est déjà trop faible ; si on le diminue encore de 4 centimètres, on augmente l'erreur dont il est déjà affecté. Pour éviter cela, on augmente de 1 le chiffre 2 en supprimant le chiffre suivant 4.

Le nombre ainsi obtenu, $5^m,3$, peut être trop fort ou trop faible ; mais l'erreur dont il est affecté est moindre que 1 décimètre.

OBSERVATION. — Cette observation importante peut être généralisée ainsi : *Lorsqu'un nombre est approché par défaut, à moins d'une unité donnée, on peut supprimer tous les chiffres à droite de celui qui exprime les unités du nom de l'unité donnée, en ayant soin d'augmenter ce chiffre de 1. Le degré d'approximation du nombre n'est pas altéré.*

PROBLÈME 2. — *Chercher, à moins de 1 centième près, la somme des nombres* 6,24387 ; 5,41236 ; 2,96473 ; 1,32748.

Pour que l'erreur de la somme soit moindre que 1 centième, il suffit que l'erreur commise sur chaque nombre soit moindre que $\frac{1}{4}$ de centième. Si l'on fait cette erreur moindre que 1 millième, la somme aura à plus forte raison le degré d'approximation demandé. On commencera donc l'addition seulement à la colonne des millièmes, ce qui donne 15,946.

$$
\begin{array}{r}
6,243 \\
5,412 \\
2,964 \\
1,327 \\
\hline
15,946
\end{array}
$$

Règle. — De cette explication, on peut tirer la règle suivante :

Lorsqu'on doit chercher la somme de plusieurs nombres à moins de 1 unité décimale près, il suffit de conserver dans les nombres à additionner un chiffre décimal de plus qu'on n'en veut avoir au résultat, s'il y a moins de dix nombres à additionner, et deux chiffres de plus s'il y a plus de dix nombres.

Soustraction. — La même règle peut s'appliquer à la soustraction de deux nombres approchés. Cela ressort évidemment de ce qui a été dit pour l'addition.

148. Multiplication. — 1° On a déjà vu (Ire partie, n° 62) que *dans une multiplication de deux facteurs, si l'un est approché, et l'autre exact, l'erreur du produit est égale à l'erreur du facteur approché multipliée par le facteur exact.*

2° *Quand les deux facteurs sont tous deux approchés dans le même sens, l'erreur du produit est égale à l'erreur du multiplicande multipliée par le multiplicateur, plus l'erreur du multiplicateur multipliée par le multiplicande, plus le produit des deux erreurs.*

En effet, soit $7,6 \times 2,9$. Diminuons le multiplicande de $0,3$ et le multiplicateur de $0,1$.

Le produit des deux facteurs approchés est représenté par $7,3 \times 2,8$.

Le produit des facteurs exacts $(7,3 + 0,3) \times (2,8 + 0,1)$ sera égal à

$$7,3 \times 2,8 + 7,3 \times 0,1 + 0,3 \times 2,8 + 0,3 \times 0,1.$$

La différence entre ce produit et le produit approché est

$$7,3 \times 0,1 + 0,3 \times 2,8 + 0,3 \times 0,1.$$

Ce résultat démontre le principe énoncé.

Observation. — Dans les applications qu'on fait de ce principe, les erreurs des facteurs sont généralement assez faibles ; leur produit est plus faible encore, et peut être négligé. On peut donc dire : *L'erreur du produit de deux facteurs approchés dans* *le même sens est à peu près égale à l'erreur du multiplicande multipliée par le multiplicateur, plus l'erreur du multiplicateur multipliée par le multiplicande.*

PROBLÈME 3. — *Trouver la limite de l'erreur du produit de 74,23 multiplié par 24,36, ces deux facteurs étant tous deux trop faibles d'une quantité moindre que 1 centième.*

On trouve d'abord $74,23 \times 24,36 = 1708,2428$.

Ce produit est trop faible ; mais son erreur est moindre que $0,01 \times 74,23 + 0,01 \times 24,36$, et à plus forte raison moindre que $0,01 \times 100$, c'est-à-dire moindre que 1 unité. On ne peut alors compter sur l'exactitude d'aucun des chiffres décimaux de ce produit.

149. Multiplication abrégée. — *Pour trouver le produit de deux nombres avec une erreur moindre qu'une unité décimale donnée, on écrit le multiplicateur à rebours sous le multiplicande, en plaçant le chiffre des unités simples du multiplicateur sous le chiffre du multiplicande qui exprime des unités cent fois plus faibles que celles que doit exprimer le produit demandé, et s'il y a alors sur la droite du multiplicateur des chiffres au-dessus desquels il n'y en ait point dans le multiplicande, on écrit des zéros au-dessus à la droite de celui-ci. On multiplie ensuite le multiplicande par chaque chiffre du multiplicateur de droite à gauche, en commençant au chiffre du multiplicande qui est au-dessus de celui par lequel on multiplie, sans tenir compte des chiffres qui restent à droite. On néglige aussi sur la gauche du multiplicateur les chiffres au-dessus desquels il n'y a point de chiffres dans le multiplicande. On écrit les produits partiels les uns sous les autres, en ayant soin de mettre dans la même colonne le premier chiffre à droite de tous ces produits. On fait ensuite leur somme ; on supprime les deux premiers chiffres à droite du résultat, en augmentant de 1 le chiffre précédent. On a ainsi le produit demandé.*

Soit, par exemple, à chercher, à moins de 0,1 près, le produit de 60,748341 par 27,598138.

$$
\begin{array}{r}
6\,0,7\,4\,8\,3\,4\,1 \\
8\,3\,1\,8\,9\,5,7\,2 \\
\hline
1\,2\,1\,4\,9\,6\,6 \\
4\,2\,5\,2\,3\,6 \\
5\,0\,3\,7\,0 \\
5\,4\,6\,3 \\
4\,8\,0 \\
6 \\
\hline
1\,6\,7\,6,5\,2\,1
\end{array}
$$

On écrit le chiffre 7 des unités simples du multiplicateur sous le chiffre 8 qui exprime dans le multiplicande des unités 100 fois plus faibles que 0,1, c'est-à-dire des millièmes, et les autres chiffres du multiplicateur dans un ordre inverse.

On multiplie le multiplicande par le premier chiffre 2 du multiplicateur, en commençant au chiffre 3, qui est au-dessus ; on multiplie ensuite le multiplicande par le deuxième chiffre 7 du multiplicateur, en commençant au chiffre 8 du multiplicande, etc.

Tous les produits partiels expriment des millièmes. En effet, considérons le second qui correspond au chiffre 7 des unités du multiplicateur. Le multiplicande 60,748 étant un nombre de millièmes, le produit de ce multiplicande par 7 unités est aussi un nombre de millièmes.

En passant d'un produit partiel au suivant, on prend un multiplicande exprimant des unités 10 fois plus fortes, et un multiplicateur exprimant des unités 10 fois plus faibles ; l'ordre des unités exprimées par les divers produits partiels ne change donc pas. En résumé, *un chiffre quelconque du multiplicande multiplié par le chiffre du multiplicateur qui est au-dessous de lui, donne des unités du même ordre que les unités du chiffre du multiplicande qui est au-dessus de celui des unités simples du multiplicateur.*

DÉMONSTRATION. — Il faut maintenant démontrer que l'erreur du produit ainsi obtenu est moindre que 1 dixième.

Dans la première multiplication, on a négligé au multiplicande

41, qui est moindre que 1 unité de l'ordre du chiffre précédent 3. Or, 1 unité de cet ordre multipliée par le chiffre 2 du multiplicateur aurait donné 2 millièmes; donc la quantité dont le premier produit partiel est trop faible est moindre que 2 millièmes.

On trouverait de la même manière que l'erreur du deuxième produit partiel est moindre que 7 millièmes; que sur le troisième elle est moindre que 5 millièmes; sur le quatrième, moindre que 9 millièmes; sur le cinquième, moindre que 8 millièmes; et sur le sixième, moindre que 1 millième.

Mais le produit total est encore trop faible de toute la quantité qui aurait été obtenue en multipliant le multiplicande par la partie 38 négligée au multiplicateur. Or, cette partie 38 est moindre que 4 unités de l'ordre du 3; d'un autre côté, le multiplicande est lui-même plus petit que 1 unité qui serait immédiatement à gauche du 6. Cette unité, multipliée par 4 unités de l'ordre du 3, donnerait 4 millièmes; donc l'erreur commise en négligeant de multiplier le multiplicande par 38 est moindre que 4 millièmes.

Donc l'erreur du produit est inférieure à

$$(2 + 7 + 5 + 9 + 8 + 1 + 4) \text{ millièmes,}$$

c'est-à-dire inférieure à 36 millièmes; elle est donc, à plus forte raison, moindre que 1 dixième.

150. Limite de l'erreur du produit. — De ce qui précède on peut tirer la règle suivante, qui nous sera utile dans la division abrégée. *Pour avoir une limite de l'erreur du produit obtenu par la multiplication abrégée, il faut additionner entre eux les chiffres du multiplicateur renversé qui ont été employés dans la multiplication, excepté ceux à droite pour lesquels on n'a négligé aucun chiffre dans le multiplicande, et ajouter à cette somme le premier des chiffres négligés au multiplicateur, en allant de droite à gauche, ce chiffre étant augmenté de 1, s'il y a d'autres chiffres après lui.*

151. Division. — 1° On a déjà vu (1re partie, n° 62) que, *lorsque le dividende est approché et le diviseur exact, l'erreur* *du quotient est égale à l'erreur du dividende divisée par le diviseur.*

Lorsque le diviseur est approché, la limite qu'on peut trouver pour l'erreur du quotient n'est pas assez simple pour qu'elle soit vraiment utile. Il vaut mieux alors recourir à la limite de ce qu'on appelle *erreur relative*, comme on le verra plus loin

152. Division abrégée. — Pour trouver le quotient de deux nombres à moins d'une unité décimale près, il y a aussi une méthode abrégée, qui est l'inverse de celle qui a été donnée pour la multiplication.

D'abord, afin de rendre le raisonnement plus simple, on peut toujours ramener l'opération au cas où le quotient doit être approché à moins d'une unité entière près. Il suffit, en effet, de multiplier le dividende par 10, si l'erreur du quotient doit être moindre que 0,1; par 100, si cette erreur doit être moindre que 0,01, etc. Car le dividende devenant 10 fois trop fort, le quotient est lui-même 10 fois trop fort; donc si le quotient obtenu exprime des unités entières, il faudra le rendre 10 fois plus faible, c'est-à-dire lui faire exprimer des dixièmes.

RÈGLE. — *Pour trouver le quotient de deux nombres avec une erreur moindre qu'une unité décimale donnée, on multiplie d'abord le dividende par 10, si cette unité décimale est le dixième; par 100, si cette unité décimale est le centième, etc. On a alors à calculer le quotient du nouveau dividende par le diviseur donné à moins d'une unité entière près.*

On cherche combien le quotient doit avoir de chiffres; on sépare ensuite sur la gauche du diviseur une partie qui, abstraction faite de la virgule, soit au moins égale à autant de fois 9 qu'il doit y avoir de chiffres au quotient : cette partie sera le dernier diviseur de l'opération. Pour avoir le premier, on prend le dernier suivi d'autant de chiffres moins un que le quotient doit en contenir. On supprime ensuite au dividende les chiffres qui sont à droite de celui qui exprime les mêmes unités que le dernier diviseur.

On divise alors le premier dividende par le diviseur, ce qui donne le premier chiffre du quotient, et on soustrait du divi-

dende le produit du premier diviseur par ce chiffre. On divise ensuite le reste par le diviseur précédent, privé de son dernier chiffre, ce qui donne le deuxième chiffre du quotient. On soustrait du deuxième dividende le produit du deuxième diviseur par le deuxième chiffre du quotient, et on continue de la même manière, en divisant toujours le reste par le diviseur précédent, privé de son dernier chiffre, jusqu'à ce qu'on ait employé le dernier diviseur.

Soit à chercher le quotient de 68,491724 par 2,143529 à moins de 1 centième près.

On multiplie d'abord le dividende par 100, et on a alors à chercher le quotient de 6849,1724 par 2,143529 à moins d'une unité près.

Le quotient aura quatre chiffres; or 4 fois 9 font 36; il faut donc prendre 2,14 pour dernier diviseur. Le premier sera 2,14352. Comme le dernier diviseur 2,14 exprime des centièmes, on supprime au dividende la partie 24, qui est au delà du chiffre 7 des centièmes. On divise alors 684917 par 214352, ce qui donne 3 pour le premier chiffre du quotient. En continuant d'après la règle, on trouve 3195 pour quotient. Le quotient cherché est donc 31,95.

$$
\begin{array}{r|l}
6\ 8\ 4\ 9,\ 1\ 7\ \overline{2\ 4} & 2,\ 1\ 4.\ 3\ 5\ 2\ \overline{9} \\
\ \ \ 4\ 1\ 8\ 6\ 1 & \\
\ \ \ \ \ 2\ 0\ 4\ 2\ 6 & \overline{\ 3\ 1\ 9\ 5} \\
\ \ \ \ \ \ \ 1\ 1\ 3\ 9 & \\
\ \ \ \ \ \ \ \ \ \ 6\ 9 & \\
\end{array}
$$

Il arrive quelquefois que dans une division partielle on trouve 10 pour quotient; alors on augmente de 1 le chiffre précédent, en mettant des zéros à la suite pour les autres chiffres du quotient, et la division est terminée. On pourrait aussi conserver le chiffre précédent, en remplaçant par des 9 les chiffres suivants du quotient.

Démonstration. — Il reste maintenant à démontrer que le quotient 3195 diffère de moins d'une unité du quotient exact. Pour plus de simplicité, représentons par N le dividende 6849,1724; par d le diviseur 2,143529; par p' le produit de la multiplication abrégée du diviseur d par le quotient 5195, et par p le produit qu'on obtiendrait en multipliant le diviseur d par ce quotient, d'après la règle de la multiplication ordinaire.

Remarquons d'abord que, dans l'opération, on a multiplié le diviseur par le quotient d'après la méthode de la multiplication abrégée ; l'erreur commise au produit est moindre que $(5 + 1 + 9 + 5)$ centièmes, c'est-à-dire moindre que 18 centièmes (n° 150). Le produit exact p est donc plus grand que p', mais plus petit que $p' + 0,18$, ou plus petit que $p' + 2,14$, puisque le dernier diviseur est, d'après la règle, au moins égal à la limite de l'erreur du produit, même quand les chiffres du quotient seraient tous des 9. On a ainsi

$$(1) \qquad\qquad p' < p < p' + 2,14.$$

D'un autre côté, le dividende N est plus grand que p', puisqu'après qu'on en a retranché le produit p', il reste $0,6924$. Or il est égal à $p' + 0,6924$; il est donc inférieur à $p' + 2,14$, puisque le reste est moindre que le dernier diviseur. On a donc

$$(2) \qquad\qquad p' < N < p' + 2,14.$$

Les inégalités (1) et (2) montrent que le dividende N et le produit p de tout le diviseur par le quotient 5195 sont compris entre p' et $p' + 2,14$, c'est-à-dire entre deux nombres qui diffèrent de moins d'une fois le diviseur total ; donc la différence entre le produit p et le dividende N est à plus forte raison moindre que le diviseur. Par conséquent, le quotient 5195 diffère du quotient exact de moins de 1 unité, soit par défaut soit par excès.

ERREURS RELATIVES.

153. Définition de l'erreur relative. — Une erreur assez petite par elle-même peut être grande par rapport à la quantité sur laquelle elle a été commise. Il est évident par exemple qu'un homme qui se trompe de 1 centimètre sur une longueur de 1 mètre, fait une erreur plus considérable que celui qui se tromperait de 1 kilomètre sur la distance de Paris à Lyon, qui est de 512 kilomètres. Dans ce dernier cas, l'erreur n'est que la 512e partie de la distance ; dans le premier cas, elle en est la 100ᵉ par-tie. Aussi est-il souvent nécessaire d'évaluer une erreur non par le nombre d'unités dont elle se compose, mais par son rapport avec la quantité sur laquelle elle a été commise. L'erreur ainsi considérée est désignée par le nom d'*erreur relative*, pour la distinguer de l'erreur ordinaire qui a été étudiée dans ce qui précède, et qu'on appelle *erreur absolue*.

L'erreur relative d'un nombre approché est donc la fraction qui indique de quelle partie de lui-même le nombre exact a été diminué ou augmenté.

D'après cela on obtient l'erreur relative, en divisant l'erreur absolue par le nombre exact. Par exemple, si, au lieu du nombre 3,48, on prend 3,46, l'erreur absolue étant 0,02, l'erreur rela-tive sera $\dfrac{0,02}{3,48} = \dfrac{2}{348}$, c'est-à-dire que le nombre a été dimi-nué de 2 fois la 348ᵉ partie de lui-même.

Réciproquement il est facile de connaître l'erreur absolue d'un nombre, quand on connaît l'erreur relative. Supposons par exem-ple que le nombre 57,56 soit affecté d'une erreur relative par défaut égale à $\dfrac{3}{1000}$. Le nombre exact qui est inconnu a été di-minué de 3 fois la millième partie de lui-même. Le nombre donné ne vaut donc que 997 fois la millième partie du nombre exact. Par conséquent, la millième partie du nombre exact est $\dfrac{57,56}{997}$; l'erreur absolue est donc égale à $\dfrac{57,36 \times 3}{997}$.

154. Changer la limite de l'erreur absolue en limite d'erreur relative. — *Lorsqu'un nombre est approché à moins d'une unité décimale près, son erreur relative est moindre qu'une fraction ayant 1 pour numérateur, et pour dénominateur le premier chiffre du nombre approché suivi d'autant de zéros moins un qu'il y a de chiffres exacts dans ce nombre.*

En effet, soit le nombre 34,56 approché par défaut à moins de 0,01 près. Désignons par e ce qui manque à ce nombre, c'est-à-dire l'erreur absolue dont il est affecté ; l'erreur relative sera $\dfrac{e}{34,56 + e}$. Or si on remplace au numérateur e par la quantité plus grande 0,01, et si on supprime en même temps e au dénominateur, la fraction $\dfrac{0,01}{54,56}$ ou $\dfrac{1}{5456}$ ainsi obtenue est plus grande que la première ; donc l'erreur relative est moindre que $\dfrac{1}{5456}$, et à plus forte raison moindre que $\dfrac{1}{5000}$.

155. Changer la limite de l'erreur relative en limite d'erreur absolue. — *Lorsqu'un nombre est affecté d'une erreur relative par excès ou par défaut moindre qu'une fraction ayant 1 pour numérateur, il y a autant de chiffres exacts sur la gauche de ce nombre qu'il y a de chiffres moins un dans le dénominateur de la fraction.*

Soit le nombre 24,68135 affecté d'une erreur relative par défaut moindre que $\dfrac{1}{1000}$; je dis que les trois premiers chiffres sont exacts, et que l'erreur absolue est par conséquent moindre que 1 dixième.

En effet, dire que l'erreur relative du nombre donné est moindre que $\dfrac{1}{1000}$, signifie que le nombre exact qui est inconnu a été diminué d'une quantité moindre que la millième partie de lui-même. Représentons ce nombre inconnu par N.

Si N avait été diminué de la millième partie de lui-même, le nombre approché vaudrait 999 fois la millième partie de N. Or la diminution étant moindre que la millième partie de N, on a

$$24,68135 > \dfrac{999}{1000} \text{ de N} ;$$

donc $\dfrac{1}{1000}$ de N est moindre que $\dfrac{24,68135}{999}$, et à plus forte raison moindre que $\dfrac{24,68135}{900}$.

Ce quotient étant inférieur à 0,1 ; la quantité dont le nombre N avait été diminué est moindre que 0,1, ce qui démontre la règle énoncée.

156. Erreur relative d'un produit de deux facteurs. — 1° *Dans une multiplication de deux facteurs dont l'un est exact et l'autre approché, l'erreur relative du produit est égale à l'erreur relative du facteur approché.*

Soit par exemple $62,18 \times 7$. Si l'on remplace le multiplicande par $62,15$, celui-ci est affecté d'une erreur absolue égale à $0,03$, et d'une erreur relative égale à $\dfrac{3}{6218}$. Or le produit $62,15 \times 7$ est trop faible de $0,03 \times 7$; son erreur relative est donc égale à $\dfrac{0,03 \times 7}{62,18 \times 7}$ ou $\dfrac{3}{6218}$, ce qui démontre le principe.

Ainsi quand le multiplicande se trouve diminué de 3 fois la 6218e partie de lui-même, le produit de la multiplication se trouve aussi diminué de la même fraction de lui-même.

2° *Lorsque les deux facteurs sont approchés dans le même sens, l'erreur relative du produit est à peu près égale à la somme des erreurs relatives des deux facteurs.*

Pour abréger, représentons un multiplicande par $a + h$, et un multiplicateur par $b + k$; remplaçons le premier par a, et le second par b. Le multiplicande a est affecté d'une erreur absolue égale à h, et d'une erreur relative égale à $\dfrac{h}{a + h}$. Le multiplicateur b est affecté d'une erreur absolue égale à k, et d'une erreur relative égale à $\dfrac{k}{b + k}$.

Or le produit des facteurs exacts est

$$(a + h) \times (b + k) = a \times b + a \times k + b \times h + h \times k.$$

La différence entre ce produit et le produit $a \times b$ des facteurs approchés est $a \times k + b \times h + h \times k$.

L'erreur relative du produit est donc

$$\frac{a \times k + b \times h + h \times k}{(a + h) \times (b + k)}.$$

Cette fraction est égale à la somme des deux fractions

$$\frac{a \times k + h \times k}{(a + h) \times (b + k)} + \frac{b \times h}{(a + h) \times (b + k)}.$$

Le numérateur de la première est la même chose que $(a + h) \times k$; en divisant donc les deux termes de cette fraction par le facteur commun $a + h$, on obtient pour cette fraction $\dfrac{k}{b + k}$, c'est-à-dire l'erreur relative du multiplicateur.

Si on ajoute au numérateur de la seconde fraction la quantité $h \times k$, elle devient

$$\frac{b \times h + h \times k}{(a + h) \times (b + k)} = \frac{(b + k)\,h}{(a + h) \times (b + k)},$$

et en divisant les deux termes par le facteur commun $b + k$, on trouve $\dfrac{h}{a + h}$, c'est-à-dire l'erreur relative du multiplicande.

Ainsi, au moyen d'une légère augmentation faite au numérateur, on trouve que l'erreur relative du produit est égale à la somme des erreurs relatives des deux facteurs.

Problème 4. — *Déterminer la limite de l'erreur du produit de 73,25 par 24,36, chaque facteur étant trop faible d'une quantité moindre que 1 unité de son dernier chiffre.*

On a d'abord $74{,}23 \times 24{,}36 = 1708{,}2428$.

Or l'erreur relative du multiplicande est moindre que $\dfrac{1}{7000}$;

celle du multiplicateur est moindre que $\dfrac{1}{2000}$.

Celle du produit est donc moindre que $\dfrac{1}{7000} + \dfrac{1}{2000}$,

et à plus forte raison moindre que $\dfrac{1}{2000} + \dfrac{1}{2000}$,

c'est-à-dire moindre que $\dfrac{1}{1000}$.

On peut (n° 155) compter sur l'exactitude des trois premiers chiffres seulement; de sorte que l'erreur absolue du produit est moindre que 1 dizaine.

157. Erreur relative d'un quotient. — Les principes concernant l'erreur relative d'un quotient se déduisent de ceux de la multiplication.

1° *Quand le dividende est approché et le diviseur exact, l'erreur relative du quotient est égale à celle du dividende.*

2° *Quand le dividende est exact et le diviseur approché, l'erreur relative du quotient est à peu près égale à celle du diviseur, mais en sens inverse.*

En effet, la somme de ces deux erreurs doit être à peu près nulle (n° 156, 2°).

3° *Quand le dividende et le diviseur sont approchés, l'un par excès et l'autre par défaut, l'erreur relative du quotient est à peu près égale à la somme des erreurs relatives du dividende et du diviseur* (n° 156, 2°).

Problème 5. — *Déterminer la limite de l'erreur du quotient de 68,451 divisé par 2,143, ces deux nombres étant tous deux trop faibles d'une quantité moindre que 1 centième.*

Prenons d'abord le dividende approché par excès à moins de 0,01 près ; nous aurons 68,452 à diviser par 2,143, et l'erreur relative du quotient sera à peu près égale à la somme des erreurs relatives du dividende et du diviseur.

Or l'erreur relative du dividende est moindre que $\dfrac{1}{6000}$;

celle du diviseur est moindre que $\dfrac{1}{2000}$.

Celle du quotient est donc moindre que $\dfrac{1}{6000} + \dfrac{1}{2000}$,

et à plus forte raison moindre que $\dfrac{1}{1000}$.

Ainsi on pourra compter sur l'exactitude des trois premiers chiffres seulement dans le quotient.

CHAPITRE XIV

RACINE CARRÉE

Nombres entiers et décimaux.

158. Définition de la racine carrée. — On a déjà dit (n° 120) que le *carré* d'un nombre, ou 2e *puissance* de ce nombre, est le produit de ce nombre multiplié par lui-même, et qu'on indique ce carré en mettant l'exposant 2 au-dessus de ce nombre et un peu à droite.

On appelle racine carrée ou racine deuxième d'un nombre le nombre qui multiplié par lui-même reproduit le premier.

Par exemple 3 est la racine carrée de 9 ; 4 est la racine carrée de 16.

Pour indiquer la racine carrée d'un nombre, on écrit ce nombre sous ce signe $\sqrt{}$ qui s'appelle *radical*. Ainsi $\sqrt{16}$ représente la racine carrée de 16.

159. Unités exprimées par le carré d'un nombre. — Le carré d'un nombre plus grand que 1 est supérieur à ce nombre ; le carré d'un nombre plus petit que 1 est inférieur à ce nombre.

Ainsi le carré de 6 vaut 6 fois 6 ; le carré de 0,6 est seulement égal à 6 fois la 10e partie de 0,6, puisqu'il est égal à $0,6 \times 0,6 = 0,36$.

Le carré d'un nombre d'unités simples exprime des unités simples ; le carré d'un nombre de dizaines exprime des centaines. Par exemple, le carré de 50 ou 5 dizaines est 2500 ou 25 centaines.

Le carré d'un nombre de dixièmes exprime des centièmes ; le

carré d'un nombre de centièmes exprime des dix-millièmes; le carré d'un nombre de millièmes exprime des millionièmes. En effet on a

$$0,2 \times 0,2 = 0,04$$
$$0,24 \times 0,24 = 0,0576$$
$$0,024 \times 0,024 = 0,000576.$$

Voici les carrés des dix premiers nombres entiers.

Nombres...	1	2	3	4	5	6	7	8	9	10
Carrés....	1	4	9	16	25	36	49	64	81	100.

160. Racine carrée incommensurable. — Ce tableau fait voir que, parmi les 99 premiers nombres entiers, il n'y en a que neuf qui aient des nombres entiers pour racines carrées; les racines de tous les autres sont fractionnaires. Ainsi la racine carrée de 41, par exemple, est comprise entre celle de 36 et celle de 49, c'est-à-dire entre 6 et 7; elle est donc égal à 6 plus une fraction d'unité.

Or il n'est pas possible d'obtenir exactement la valeur de cette racine fractionnaire. En effet, supposons, pour le démontrer, que cette racine soit $6 \frac{7}{8} = \frac{55}{8}$. Si ce nombre fractionnaire, dont les deux termes sont premiers entre eux, était la valeur exacte de cette racine, le carré de ce nombre fractionnaire serait égal à 41, et par conséquent 55^2 divisé par 8^2 donnerait le quotient entier 41, sans reste. Mais le carré de 55 ne contient pas d'autres facteurs premiers que ceux de 55; le carré de 8 ne contient pas d'autres facteurs premiers que ceux de 8; or il n'y avait aucun facteur premier commun à 15 et à 8; il n'y en a donc aucun qui soit commun à 55^2 et à 8^2; par conséquent 15^2 n'est pas divisible par 8^2, et le quotient ne peut être un nombre entier.

Comme il en sera de même pour un nombre fractionnaire quelconque, on en conclut qu'il est impossible de trouver un nombre fractionnaire qui soit la racine carrée exacte d'un nombre entier, quand cette racine n'est pas elle-même un nombre entier.

Cette racine fractionnaire dont on ne peut obtenir qu'une valeur approchée est ce qu'on appelle nombre *incommensurable* (*).

On dit qu'un nombre est un *carré parfait*, quand il est le carré d'un nombre entier ou fractionnaire.

161. Composition du carré d'un nombre qui est la somme de deux parties. — L'extraction de la racine carrée d'un nombre repose sur le principe suivant.

Si on considère un nombre comme la somme de deux parties, son carré contient le carré de la première partie, deux fois le produit de la première partie multipliée par la seconde et le carré de la seconde.

Soit par exemple 57, qui est égal à 50 + 7. Pour en faire le carré, il faut multiplier 50 + 7 par 50 + 7 ; et comme le multiplicateur contient 50 fois l'unité plus 7 fois l'unité, le produit contiendra 50 fois le multiplicande plus 7 fois le multiplicande.

$$
\begin{array}{r}
50 + 7 \\
50 + 7 \\
\hline
50^2 + 7 \times 50 \\
50 \times 7 + 7^2 \\
\hline
50^2 + 2 \text{ fois } (50 \times 7) + 7^2
\end{array}
$$

Le produit obtenu $50^2 + 2$ fois $(50 \times 7) + 7^2$ démontre le principe.

Par conséquent, *si un nombre est composé de dizaines et d'unités, son carré contient le carré des dizaines, le double produit des dizaines par les unités, et le carré des unités.*

162. Nombre des chiffres de la racine carrée d'un nombre entier. — On peut reconnaître d'avance combien il y aura de chiffres à la partie entière de la racine carrée d'un nombre entier.

(*) L'expression *incommensurable* signifie qu'il n'y a aucune unité, quelque petite qu'elle soit, qui puisse être contenue un nombre entier de fois dans la quantité qu'il s'agit d'évaluer. La quantité incommensurable contiendra, par exemple, un certain nombre de millièmes avec un reste moindre qu'un millième ; un certain nombre de millionièmes avec un reste moindre qu'un millionième, etc.

Si le nombre est moindre que 100, sa racine est moindre que 10, et n'a par conséquent qu'un chiffre ; si le nombre est compris entre 100 et 10000, sa racine carrée est comprise entre 10 et 100, et a deux chiffres, etc. De là cette règle : *Le nombre des chiffres qu'il y aura à la partie entière de la racine carrée d'un nombre entier est égal au nombre des tranches de deux chiffres qu'on peut faire dans ce nombre, la dernière tranche pouvant n'avoir qu'un chiffre.*

163. Extraction de la racine carrée d'un nombre entier. — Quand un nombre n'a qu'un ou deux chiffres, on connaît par la table de multiplication la partie entière de sa racine carrée.

Considérons donc un nombre de trois ou quatre chiffres, par exemple 4218, et cherchons à connaître sa racine carrée, ou la partie entière de cette racine, si 4218 n'est pas un carré parfait.

D'abord cette racine aura deux chiffres ; donc 4218, qui en est le carré, contient le carré du chiffre des dizaines de cette racine, le double produit du chiffre des dizaines par celui des unités, et le carré du chiffre des unités, plus quelques autres unités, si 4218 n'est pas un carré parfait.

Le carré du chiffre des dizaines de la racine exprime des centaines ; il fait donc partie des 42 centaines du nombre proposé ; mais ces 42 centaines peuvent contenir, outre ce carré, d'autres centaines provenant du double produit des dizaines par les unités. Par conséquent, en prenant la racine carrée de 42 centaines, on ne pourra pas avoir un chiffre trop faible. Le plus grand carré parfait contenu dans 42 centaines est 36 centaines dont la racine est 6 dizaines. Ce chiffre 6 n'est pas trop fort, puisque le carré de 6 dizaines, qui est 36 centaines, ne surpasse pas le nombre proposé. J'écris donc 6 pour le chiffre des dizaines de la racine, et je soustrais son carré 36 centaines du nombre proposé.

```
  4 2.1 8   |  6 4
  3 6       |  ————————————————
  ————      |  1 2 4 × 4 = 4 9 6
    6 1.8
    4 9 6
    ————
    1 2 2
```

Le reste 618 contient encore le produit du double des dizaines par le chiffre des unités de la racine, le carré du chiffre des unités, plus quelques autres unités, si 4218 n'est pas un carré parfait.

Le double des dizaines de la racine est 12 dizaines, et le produit de 12 dizaines par le chiffre inconnu des unités, exprimant lui-même des dizaines, sera contenu dans les 61 dizaines du reste. Mais, comme dans 61 dizaines il peut y avoir en outre quelques dizaines provenant du carré des unités de la racine, si on divise 61 dizaines par 12 dizaines, on ne pourra pas trouver un chiffre plus faible que celui des unités ; il pourra seulement être plus fort. Le quotient est 5. Pour savoir s'il n'est pas trop fort, on pourrait l'écrire à droite de 6, et chercher si le carré de 65 surpasse 4218. Il y a un moyen plus court. On écrit 5 à droite du diviseur 12, et on multiplie 125 par 5. Le produit 625 contient le double produit des dizaines par les unités de la racine, et le carré des unités ; comme il surpasse 618 qui se compose de ces deux mêmes parties, on voit que 5 est trop fort, et qu'il faut essayer 4. Le produit de 124 par 4 est 496 qui ne surpasse pas 618 ; donc 4 est le chiffre des unités.

En retranchant 496 de 618, on trouve 122 pour reste. Puisqu'on a retranché en deux fois de 4218 les trois parties dont se compose le carré de 64, on voit qu'on a seulement obtenu la racine carrée du plus grand carré parfait contenu dans 4218. Ce carré parfait est $4218 - 122 = 4096$.

On voit aussi que la racine carrée de 4218 est comprise entre 64 et 65, et qu'elle est incommensurable.

Si le nombre dont on cherche la racine avait plus de 4 chiffres, on pourrait répéter le même raisonnement. Supposons qu'il s'agisse par exemple de 421835. La racine carrée aura trois chiffres ; mais on peut encore la regarder comme composée de deux parties, celle des dizaines qui a deux chiffres, et la partie formée du chiffre des unités.

D'après ce qui a été dit dans l'exemple précédent, on trouvera les dizaines de la racine en extrayant la racine carrée de 4218 centaines, qui est 64 dizaines. En retranchant le carré de 64 dizaines du nombre proposé, on a pour reste 12235. Le chiffre des unités se trouvera aussi, en divisant 1223 dizaines par 128 dizaines, qui sont le double des dizaines de la racine, et on cherchera comme précédemment si le quotient 9 n'est pas trop fort.

De tout ce qui précède résulte la règle suivante.

Règle. — Pour extraire la racine carrée d'un nombre entier, on le décompose en tranches de deux chiffres, à partir de la droite, la dernière pouvant n'avoir qu'un chiffre. Le nombre des tranches indique le nombre des chiffres de la partie entière de la racine cherchée.

On extrait la racine carrée du plus grand carré parfait contenu dans la première tranche à gauche, ce qui donne le premier chiffre de la racine, et on soustrait le carré de ce chiffre de la première tranche. A la droite du reste on abaisse la deuxième tranche; on en sépare le premier chiffre qui est sur sa droite par un point, et on divise ce qui reste à gauche du point par le double du chiffre écrit à la racine. Le quotient est le second chiffre de la racine, ou un chiffre trop fort. On l'écrit à droite du diviseur, et on multiplie le nombre ainsi formé par ce même chiffre. Si le produit peut être retranché du nombre composé du dividende et du chiffre qu'on avait négligé sur sa droite, le quotient est le second chiffre cherché; si ce produit est plus fort, on diminue ce chiffre de 1, et on essaye ainsi, jusqu'à ce que la soustraction puisse être effectuée.

A la droite de ce deuxième reste, on abaisse la troisième tranche, on en sépare le dernier chiffre à droite par un point, et on divise ce qui reste à gauche du point par le double de la racine obtenue : le quotient sera le troisième chiffre de la racine, ou un chiffre trop fort. On opère pour ce troisième chiffre, comme pour le second, et on continue ainsi, jusqu'à ce qu'on ait employé toutes les tranches.

Si l'une des divisions donnait 0 pour quotient, on écrirait 0 à la racine, et on abaisserait la tranche suivante, pour continuer comme auparavant.

164. Valeur maximum du reste. — *Dans tout le cours de l'opération, le reste de l'une quelconque des divisions ne doit pas surpasser le double de la racine correspondante.*

Pour le démontrer faisons voir d'abord que *la différence qu'il y a entre les carrés de deux nombres entiers consécutifs est égale au double du plus petit de ces deux nombres plus 1.*

En effet, 9 par exemple étant égal à $8 + 1$, on aura (n° 161) pour son carré :

$$(8 + 1)^2 = 8^2 + 2 \text{ fois } (8 \times 1) + 1^2 = 8^2 + 2 \times 8 + 1,$$

ce qui montre que le carré de 9 surpasse le carré de 8 de 2 fois 8 plus 1.

Supposons maintenant que 4218, qui a été pris pour exemple dans la démonstration précédente, soit le carré de 65. Après qu'on en a retranché le carré de 64, le reste devrait être égal à 2 fois 65 plus 1, c'est-à-dire à 131. Par conséquent, lors même que le reste serait égal à 130, le nombre proposé serait moindre que le carré de 65 ; donc la racine n'est pas trop faible, quand le reste ne surpasse pas le double de cette racine.

165. Moyen d'obtenir une valeur plus approchée de la racine carrée d'un nombre entier. — Nous avons vu que la racine carrée de 4218 est comprise entre 64 et 65. Quoique nous ne puissions pas connaître la valeur exacte de cette racine (n° 160), il est cependant nécessaire de pouvoir en obtenir une valeur aussi approchée qu'on voudra.

Si l'on demande que la racine exprime des dixièmes, il faut que le nombre dont on cherche la racine soit converti en centièmes, puisque le carré d'un nombre de dixièmes exprime des centièmes. Si l'on demande que la racine exprime des centièmes, il faut que le nombre soit converti en dix-millièmes, etc. De là la règle suivante.

Pour obtenir la racine carrée d'un nombre entier avec un certain nombre de chiffres décimaux, on écrit à la droite du nombre autant de tranches de deux zéros, qu'on veut avoir de chiffres décimaux à la racine. On extrait alors la racine, comme si le nombre suivi de ces zéros était un nombre entier, et on sépare au résultat par une virgule autant de chiffres décimaux qu'on a employé de tranches de deux zéros.

Par exemple pour avoir la racine carrée de 2 jusqu'aux millièmes, on extraira la racine carrée de 2000000 qui est 1414 ; la racine carrée de 2 sera donc 1,414, approchée à moins de 1 millième près, c'est-à-dire que ce qui lui manque est moindre que 1 millième.

166. Extraction de la racine carrée d'un nombre décimal. — Ce qui vient d'être dit s'applique aussi à l'extraction de la racine carrée d'un nombre décimal.

On cherche la racine carrée d'un nombre décimal comme si c'était un nombre entier, et on sépare sur la droite de la racine obtenue autant de chiffres décimaux qu'il y avait de tranches de deux chiffres décimaux à la partie décimale du nombre.

Il est important d'observer que si le nombre décimal avait un nombre impair de chiffres décimaux, il faudrait, avant de commencer l'opération, mettre un zéro à sa droite. Par exemple, si l'on a à chercher la racine carrée de 3,147, on extraira la racine de 3,1470 ; car il n'y a pas de nombre décimal qui élevé au carré donne des millièmes.

RACINE CARRÉE DES FRACTIONS ORDINAIRES.

167. Cas où les deux termes sont des carrés parfaits. — Pour faire le carré d'une fraction ordinaire, il faut multiplier la fraction par elle-même, c'est-à-dire élever ses deux termes au carré.

Réciproquement, *pour avoir la racine carrée d'une fraction ordinaire dont les deux termes sont des carrés parfaits, il faut extraire la racine carrée de chacun de ces termes.*

On a ainsi $$\sqrt{\frac{49}{64}} = \frac{\sqrt{49}}{\sqrt{64}} = \frac{7}{8}.$$

168. Cas où le dénominateur seul est un carré parfait. — Dans ce cas la fraction n'est pas un carré parfait, et on ne peut avoir qu'une valeur approchée de sa racine.

Pour cela on extrait la racine carrée du plus grand carré

parfait contenu dans le numérateur, et la racine carrée du dénominateur.

Soit à extraire la racine carrée de $\dfrac{32}{81}$. Cette fraction étant comprise entre $\dfrac{25}{81}$ et $\dfrac{36}{81}$, dont les racines sont $\dfrac{5}{9}$ et $\dfrac{6}{9}$, sa racine carrée sera comprise entre $\dfrac{5}{9}$ et $\dfrac{6}{9}$.

Si on prend $\dfrac{5}{9}$ pour la racine demandée, elle sera approchée par défaut, mais l'erreur dont elle est affectée est moindre que $\dfrac{1}{9}$.

169. Cas où le dénominateur n'est pas un carré parfait. — On ramène ce cas au précédent, en multipliant les deux termes de la fraction donnée par le dénominateur. On obtient ainsi une fraction équivalente à la première, et on lui applique la règle précédente.

On a d'après cela

$$\sqrt{\dfrac{7}{12}} = \sqrt{\dfrac{7 \times 12}{12^2}} = \sqrt{\dfrac{84}{12^2}} = \dfrac{\sqrt{84}}{12}.$$

La racine carrée de 84 étant comprise entre 9 et 10, celle de $\dfrac{7}{12}$ est comprise entre $\dfrac{9}{12}$ et $\dfrac{10}{12}$.

170. Cas où la limite de l'erreur est une unité décimale. — Lorsqu'on doit obtenir la racine carrée approchée d'une fraction ordinaire, l'erreur devant être moindre qu'une unité décimale donnée, le moyen le plus simple consiste à convertir d'abord la fraction ordinaire en fraction décimale avec deux fois plus de chiffres décimaux qu'il n'y en a dans la limite décimale donnée. On extrait ensuite la racine de ce nombre décimal.

Par exemple pour trouver la racine carrée de $\dfrac{7}{12}$ à moins de 1 centième près, on convertit $\dfrac{7}{12}$ en fraction décimale avec quatre chiffres décimaux, ce qui donne 0,5833 ; on extrait la racine carrée de 5833 qui est 76, et on a ainsi $\sqrt{\dfrac{7}{12}} = 0,76$, avec une erreur moindre que 1 centième.

REMARQUE. — Le calcul peut être abrégé. Il suffit, en convertissant la fraction ordinaire en fraction décimale, de chercher seulement *plus de la moitié* du nombre des chiffres décimaux indiqué dans la règle précédente, et de remplacer les autres par des zéros. On démontre en effet que l'erreur qui en résulte pour la racine est moindre que 1 unité de son dernier chiffre (*).

Par exemple soit à extraire la racine carrée de $\dfrac{4}{7}$ à moins de 1 millième près. On convertit cette fraction en décimale avec quatre chiffres décimaux seulement au lieu de six, ce qui donne 0,5714, et on met deux zéros pour remplacer les deux autres. On extrait alors la racine carrée de 571400, qui est 755 ; la racine cherchée est donc 0,755.

(*) Voir mon *Traité élémentaire des approximations numériques*.

CHAPITRE XV

RACINE CUBIQUE

NOMBRES ENTIERS, DÉCIMAUX, ET FRACTIONNAIRES.

171. Définition de la racine cubique. — On a déjà dit (n° 120) que le *cube* d'un nombre, ou 3ᵉ *puissance* de ce nombre, est le produit de trois facteurs égaux à ce nombre, et qu'on l'indique en mettant l'exposant 3 au-dessus de ce nombre et un peu à droite.

On appelle racine cubique, ou racine troisième d'un nombre, le nombre qui multiplié deux fois par lui-même reproduit le premier.

Ainsi 4 est la racine cubique de 64 ; car on a

$$4 \times 4 \times 4 = 64 \, ;$$

5 est la racine cubique de 125 ; car on a

$$5 \times 5 \times 5 = 125.$$

Pour indiquer la racine cubique d'un nombre, on écrit ce nombre sous le signe $\sqrt{}$ et on met dans l'angle du radical le chiffre 3 qui exprime le *degré* de la racine. Ainsi $\sqrt[3]{64}$ représente la racine cubique de 64.

172. Unités exprimées par le cube d'un nombre. — Le cube d'un nombre d'unités simples exprime des unités simples ; le cube d'un nombre de dizaines exprime des mille. Ainsi le cube de 50 ou 5 dizaines est 125000 ou 125 unités de mille.

Le cube d'un nombre de dixièmes exprime des millièmes ; le

cube d'un nombre de centièmes exprime des millionièmes; le cube d'un nombre de millièmes exprime des billionièmes.

En effet, le cube de 0,4 est 0,064,

celui de 0,04 est 0,000064.

Voici les cubes des dix premiers nombres entiers.

Nombres	1	2	3	4	5	6	7	8	9	10
Cubes	1	8	27	64	125	216	343	512	729	1000

Parmi les 999 premiers nombres entiers, il n'y en a que 9 qui aient des nombres entiers pour racines cubiques; les racines des autres sont incommensurables (n° 160).

173. Extraction de la racine cubique d'un nombre entier. — L'extraction de la racine cubique d'un nombre entier repose sur un principe analogue à celui qui sert de base à l'extraction de la racine carrée (n° 161). Nous nous bornerons à l'énoncer. Elle est exprimée par la règle suivante qu'on retiendra facilement.

Le cube d'un nombre composé de dizaines et d'unités contient le cube des dizaines, le triple produit du carré des dizaines multiplié par les unités, le triple produit des dizaines multipliées par le carré des unités, et le cube des unités.

La méthode à suivre pour l'extraction de la racine cubique a beaucoup d'analogie avec celle qui est suivie pour la racine carrée. Elle est indiquée par la règle suivante, qu'on retient facilement.

RÈGLE. — On divise le nombre en tranches de trois chiffres, à partir de la droite, la dernière pouvant n'avoir qu'un ou deux chiffres. Le nombre des tranches indique le nombre de chiffres de la partie entière de la racine cherchée.

On extrait la racine cubique du plus grand cube parfait contenu dans la première tranche à gauche, ce qui donne le premier chiffre de la racine, et de la première tranche on soustrait le cube de ce chiffre. A la droite du reste on abaisse la deuxième tranche; on en sépare les deux premiers chiffres à droite par un point, et on divise ce qui reste à gauche par le triple carré du chiffre écrit à la racine. Le quotient est le second chiffre de la racine, ou un chiffre trop fort. On l'écrit à droite du premier chiffre déjà écrit à la racine, et on fait le cube du nombre ainsi obtenu. Si ce cube peut être retranché du nombre formé par les deux premières tranches, le quotient est le deuxième chiffre cherché ; si ce cube surpasse ce nombre, on diminue le quotient de 1, de 2, jusqu'à ce que le cube de la racine puisse être soustrait du nombre formé par les deux tranches.

A côté du reste de la soustraction on abaisse la tranche suivante ; on en sépare les deux premiers chiffres à droite par un point, et on divise ce qui reste à gauche par le triple carré du nombre déjà trouvé à la racine. On s'assure s'il est trop fort ou non, comme pour le second chiffre, et on continue ainsi l'opération jusqu'à ce qu'on ait employé toutes les tranches.

Voici le tableau des calculs pour extraire la racine cubique de 14349063.

```
1 4.3 4 9.0 6 3 | 2 4 3                    2 4        2 4 3
  8             |─────────                 2 4        2 4 3
───────         | 4 × 3 = 1 2             ─────      ─────────
  6 3.4 9       | 5 7 6 × 3 = 1 7 2 8       9 6        7 2 9
1 3 8 2 4                                   4 8        9 7 2
─────────                                 ─────        4 8 6
      5 2 5 0.6 3                          5 7 6      ─────────
1 4 3 4 8 9 0 7                             2 4      5 9 0 4 9
──────────────                           ───────      2 4 3
          1 5 6                          2 3 0 4    ─────────
                                         1 1 5 2    1 7 7 1 4 7
                                        ─────────   2 3 6 1 9 6
                                        1 3 8 2 4   1 1 8 0 9 8
                                                   ──────────────
                                                   1 4 3 4 8 9 0 7
```

Pour obtenir le chiffre des dixièmes, il faudra convertir le nombre en millièmes, en écrivant trois zéros à la droite ; pour le chiffre des centièmes, trois autres zéros, etc., et continuer l'opération comme pour un nombre entier.

174. Extraction de la racine cubique d'un nombre fractionnaire. — L'extraction de la racine cubique d'un nombre décimal se fait comme si ce nombre était entier. Il est seulement nécessaire que les chiffres décimaux puissent former des tranches de trois chiffres à partir de la virgule. Si la dernière à droite n'avait qu'un chiffre ou deux, on la compléterait en lui donnant deux zéros ou un.

Pour extraire la racine cubique d'une fraction ordinaire, on pourrait suivre une marche analogue à celle qui a été indiquée (nos 167 et suivants) pour la racine carrée. Mais il vaut mieux convertir la fraction en fraction décimale, et extraire la racine cubique du nombre décimal.

CHAPITRE XVI

PROPORTIONS

ÉTUDE DE LEURS PROPRIÉTÉS PRINCIPALES.

175. Rapport de deux quantités. — Supposons que deux personnes aient l'une 12 francs, et l'autre 4 francs. Si on dit que la première a trois fois autant que la seconde, on fait connaître le *rapport* qui existe entre ces deux sommes.

Si l'une avait 5 francs et l'autre 8 francs, la somme de la première serait égale à 5 fois la 8e partie de la seconde ; on dirait alors que le rapport de la première à la seconde est $\frac{5}{8}$.

Ainsi *le rapport de deux quantités est le nombre qui indique combien de fois la première contient la seconde, ou combien la première contient de parties égales de la seconde.*

Il est évident qu'il n'est pas possible de chercher un rapport entre deux quantités qui ne seraient pas de même nature, par exemple entre 5 litres et 8 kilogrammes.

Pour avoir le rapport de deux quantités, il suffit de diviser l'un par l'autre les deux nombres qui expriment les grandeurs de ces quantités mesurées avec la même unité.

176. Rapport de deux nombres. — *Le rapport de deux nombres est le quotient de l'un divisé par l'autre.*

Ainsi le rapport de 6 à 7 est $\frac{6}{7}$, c'est-à-dire que le plus petit vaut 6 fois la 7e partie du plus grand. Si on prend le rapport en sens inverse, c'est-à-dire entre le second et le premier, ce rapport est $\frac{7}{6}$, c'est-à-dire que le plus grand vaut 7 fois la 6e partie du plus petit.

Le rapport de deux nombres s'écrit sous la forme d'une fraction dont les termes sont ces deux nombres.

Les deux rapports $\frac{6}{7}$ et $\frac{7}{6}$ sont dits *rapports inverses*. Si on les multiplie entre eux, leur produit est égal à 1. C'est pour cela que deux nombres dont le produit est égal à 1, sont appelés *nombres inverses*; par exemple 3 et $\frac{1}{3}$, 5 et $\frac{1}{5}$.

Deux rapports inverses sont aussi appelés *rapports réciproques*.

Ce n'est pas seulement entre deux nombres entiers qu'on peut chercher un rapport, mais entre deux nombres quelconques. Ainsi le rapport entre $\frac{3}{5}$ et $\frac{7}{8}$ sera $\frac{3}{5} : \frac{7}{8} = \frac{24}{35}$, c'est-à-dire que la fraction $\frac{3}{5}$ vaut 24 fois la 35e partie de $\frac{7}{8}$.

177. Proportion ; nombres proportionnels. — On dit que *deux quantités de même espèce sont proportionnelles à deux autres quantités qui sont aussi de même espèce, lorsque le rapport des deux premières est égal au rapport des deux dernières.*

Par exemple, deux personnes achètent l'une 8 mètres et l'autre 12 mètres de la même étoffe. La longueur achetée par la première n'étant que les $\frac{8}{12}$ de la longueur achetée par la seconde, il est évident que la somme payée par la première ne sera aussi que les $\frac{8}{12}$ de la somme payée par la seconde. Ces deux sommes sont donc proportionnelles aux deux nombres de mètres.

De même *deux nombres sont proportionnels à deux autres nombres, lorsque le rapport des deux premiers est égal au rapport des deux derniers.*

Par exemple, 8 et 12 sont proportionnels aux nombres 4 et 6; car on a $\dfrac{8}{12} = \dfrac{4}{6}$.

On donne le nom de proportion à une égalité formée de deux rapports égaux. Ainsi l'égalité $\dfrac{8}{12} = \dfrac{4}{6}$ est une proportion.

Le premier et le quatrième terme s'appellent habituellement *extrêmes*; le second et le troisième *moyens*.

Les proportions jouissent de plusieurs propriétés qui sont utiles, soit pour résoudre plus promptement certains problèmes, soit dans l'étude de l'algèbre et de la géométrie.

PROPRIÉTÉS DES PROPORTIONS.

178. Principe fondamental. — *Dans toute proportion le produit des extrêmes est égal au produit des moyens.*

En effet, si dans la proportion $\dfrac{5}{4} = \dfrac{6}{8}$ on réduit les deux fractions au même dénominateur, on obtient

$$\frac{5 \times 8}{4 \times 8} = \frac{6 \times 4}{4 \times 8}.$$

Or les deux fractions étant encore égales, et ayant le même dénominateur, leurs numérateurs sont égaux, et on a

$$5 \times 8 = 6 \times 4,$$

ce qui démontre le principe énoncé.

De ce principe résultent les conséquences suivantes.

1° *Pour trouver un terme d'une proportion quand les trois autres sont connus, il faut, si l'inconnu est un extrême, multiplier les deux moyens entre eux, et diviser le produit par l'extrême connu.*

Si l'inconnu est un moyen, on multiplie les deux extrêmes entre eux, et on divise le produit par le moyen connu.

En effet, représentons par x le quatrième terme inconnu de la proportion $\dfrac{6}{7} = \dfrac{9}{x}$. D'après le principe précédent nous aurons

$$6 \times x = 7 \times 9.$$

On doit donc chercher le nombre qui multiplié par 6 donnera 7×9, et par conséquent il faut diviser 7×9 par 6.

2° Il peut arriver que les deux moyens d'une proportion soient égaux, comme dans la proportion $\dfrac{4}{6} = \dfrac{6}{9}$. On dit alors que 6 est est *moyen proportionnel* entre 4 et 9.

Pour trouver un nombre moyen proportionnel entre deux nombres donnés, il faut multiplier ces deux nombres entre eux, et extraire la racine carrée de leur produit.

En effet, si x représente le nombre inconnu qui doit être moyen proportionnel entre 5 et 9, on aura

$$\frac{5}{x} = \frac{x}{9}, \text{ d'où } x^2 = 5 \times 9 = 45.$$

Puisque le carré de x est égal à 45, x lui-même sera la racine carrée de 45; on a donc $x = \sqrt{45}$.

Cette racine est incommensurable, et comprise entre 6 et 7.

D'après cela on peut dire qu'*un nombre est moyen proportionnel entre deux autres nombres, lorsque son carré est égal au produit des deux autres.*

3° *Lorsque le produit de deux nombres égale le produit de deux autres, ces quatre nombres peuvent former une proportion.* Il suffit pour cela de prendre pour les extrêmes les deux facteurs de l'un des deux produits, et pour moyens les deux facteurs de l'autre.

Ainsi l'égalité $3 \times 8 = 4 \times 6$ pourra se remplacer par $\dfrac{3}{4} = \dfrac{6}{8}$.

4° *On peut écrire une proportion de huit manières différentes, sans que la proportion cesse d'exister.*

En effet, soit la proportion $\frac{3}{4} = \frac{6}{8}$. On a d'abord évidemment

$$\frac{3}{4} = \frac{6}{8}; \quad \frac{6}{8} = \frac{3}{4}; \quad \frac{4}{3} = \frac{8}{6}; \quad \frac{8}{6} = \frac{4}{3}.$$

Puis, changeant les **moyens** de place entre eux dans chacune de ces quatre proportions, on a

$$\frac{3}{6} = \frac{4}{8}; \quad \frac{6}{3} = \frac{8}{4}; \quad \frac{4}{8} = \frac{3}{6}; \quad \frac{8}{4} = \frac{6}{3}.$$

Ces huit proportions sont vraies ; car dans toutes le produit des extrêmes est égal au produit des moyens.

179. Principe II. — *Dans toute proportion on peut augmenter ou diminuer chaque numérateur de son dénominateur, sans qu'il cesse d'y avoir proportion.*

En effet, soit la proportion $\frac{8}{5} = \frac{16}{10}$. On peut augmenter les deux rapports de 1, sans détruire l'égalité. On a donc

$$\frac{8}{5} + 1 = \frac{16}{10} + 1 \quad \text{ou} \quad \frac{8}{5} + \frac{5}{5} = \frac{16}{10} + \frac{10}{10}$$

ou

$$\frac{8 + 5}{5} = \frac{16 + 10}{10}.$$

Or la dernière égalité est précisément ce qu'on obtiendrait en augmentant de son dénominateur chaque numérateur de la proportion donnée ; le principe est donc démontré.

2º Comme on peut renverser les deux rapports dans une proportion sans la détruire, on peut appliquer au dénominateur ce qui est dit du numérateur ; donc *on peut augmenter ou diminuer chaque dénominateur de son numérateur, sans qu'il cesse d'y avoir proportion.*

180. Principe III. — *Dans toute proportion, le rapport entre la somme des deux premiers termes et leur différence est égal au rapport entre la somme des deux derniers termes et leur différence.*

En effet, soit la proportion $\dfrac{8}{5} = \dfrac{16}{10}$.

D'après le principe précédent, on a les deux égalités :

$$\frac{8+5}{5} = \frac{16+10}{10} \; ; \qquad \frac{8-5}{5} = \frac{16-10}{10}.$$

On peut diviser ces deux égalités membre à membre, ce qui donne

$$\frac{8+5}{8-5} = \frac{16+10}{16-10}.$$

Cette dernière égalité démontre le principe énoncé.

181. Principe IV. — *Dans une proportion ou dans une suite de rapports égaux, la somme des numérateurs divisée par la somme des dénominateurs forme un rapport égal à chacun des rapports donnés.*

Soit la suite des rapports égaux

$$\frac{2}{3} = \frac{4}{6} = \frac{8}{12} = \frac{10}{15}.$$

Chaque numérateur étant les $\dfrac{2}{3}$ de son dénominateur, la somme $2+4+8+10$ est composée de quatre parties qui sont respectivement les $\dfrac{2}{3}$ des quatre parties qui composent la somme $3+6+12+15$.

La première est donc les $\dfrac{2}{3}$ de la seconde, et on a

$$\frac{2+4+8+10}{3+6+12+15} = \frac{2}{3}.$$

Cette démonstration peut aussi être présentée sous la forme suivante.

En effet, on a

$$2 = \tfrac{2}{3} \text{ de } 3 \qquad \text{ou} \qquad 2 = 3 \times \tfrac{2}{3}$$
$$4 = \tfrac{2}{3} \text{ de } 6 \qquad \text{ou} \qquad 4 = 6 \times \tfrac{2}{3}$$
$$8 = \tfrac{2}{3} \text{ de } 12 \qquad \text{ou} \qquad 8 = 12 \times \tfrac{2}{3}$$
$$10 = \tfrac{2}{3} \text{ de } 15 \qquad \text{ou} \qquad 10 = 15 \times \tfrac{2}{3}$$

En additionnant ces égalités membre à membre, on trouve

$$2 + 4 + 8 + 10 = (3 + 6 + 12 + 15) \times \frac{2}{3}.$$

Divisant les deux membres de cette dernière égalité par $3 + 6 + 12 + 15$, on obtient

$$\frac{2 + 4 + 8 + 10}{3 + 6 + 12 + 15} = \frac{2}{3},$$

ce qui démontre le principe énoncé.

CHAPITRE XVII

RÉSOLUTION DES PROBLÈMÉS AU MOYEN DES PROPORTIONS

182. Il y a beaucoup de problèmes dans lesquels les nombres donnés et l'inconnu se trouvent en proportion et peuvent se résoudre par conséquent au moyen des principes relatifs aux proportions. Pour le faire comprendre plus facilement, nous reprendrons quelques-uns des problèmes déjà traités dans la première partie.

PROBLÈME 1 (page 91). — *On a payé 298 francs pour 12 hectolitres de vin; combien coûteront 9 hectolitres ?*

$$12^{\text{h}} \quad 298^{\text{fr}}$$
$$9 \quad x$$

Le second nombre d'hectolitres étant un certain nombre de fois plus petit que le premier, le second nombre de francs doit être ce même nombre de fois plus petit que le premier nombre de francs. Le rapport entre 298 et x sera donc égal au rapport entre 12 et 9. On a par conséquent

$$\frac{12}{9} = \frac{298}{x}, \quad \text{d'où} \quad x = \frac{298 \times 9}{12} = 223^{\text{fr}},50.$$

REMARQUE. — On peut même se dispenser d'écrire la proportion, quand on est un peu habitué à saisir ces rapports. En observant que le second nombre de mètres est les $\dfrac{9}{12}$ du premier, on voit que le second nombre de francs doit être aussi les $\frac{9}{12}$ du premier; on écrit donc immédiatement $x = 298^{fr} \times \frac{9}{12}$.

PROBLÈME 2 (page 92). — *Pour faire un certain travail, 8 ouvriers ont employé 15 jours; combien aurait-il fallu de jours à 14 ouvriers?*

$$8^o \quad 15^j$$
$$14 \quad x$$

Le second nombre d'ouvriers étant un certain nombre de fois plus grand que le premier, le second nombre de jours doit être ce même nombre de fois plus petit que 15, ou 15 doit être ce même nombre de fois plus grand que x. Le rapport entre 15 et x doit donc être égal au rapport entre 14 et 8. On a par conséquent

$$\frac{14}{8} = \frac{15}{x}, \quad \text{d'où} \quad x = \frac{15 \times 8}{14} = 8^o,57.$$

REMARQUE. — Dans ce problème le rapport des deux nombres de jours est égal au rapport des deux nombres d'ouvriers pris en *sens inverse*. Pour cette raison on dit que les deux nombres de jours sont *inversement proportionnels* aux deux nombres d'ouvriers.

Dans le problème 1, au contraire, les deux nombre de francs sont *directement proportionnels* aux deux nombres de mètres (*).

PROBLÈME 3. — *Deux trains partent au même instant l'un de Paris, l'autre de Bordeaux, allant l'un au-devant de l'autre. Le premier a une vitesse de 50 kilomètres par heure; le second*

(*) La règle par laquelle ont été résolus les problèmes 1 et 2 est appelée vulgairement *règle de trois*. Dans le premier c'est une règle de trois *directe;* dans le second, une règle de trois *inverse*.

Ces dénominations ne sont d'aucune utilité; elles ont même l'inconvénient d'induire les élèves en erreur. Car ils sont souvent tentés d'appliquer les proportions à un problème où ils rencontrent trois nombres connus et un inconnu, sans examiner soigneusement si le rapport de deux de ces quatre nombres est égal au rapport des deux autres.

une vitesse de 32 kilomètres. A quelle distance de Paris se rencontreront-ils, la distance de Paris à Bordeaux étant de 585 kilomètres ?

Si on représente par x le nombre de kilomètres qu'il y aura depuis Paris jusqu'au point de rencontre, le nombre de kilomètres qu'il y aura depuis Bordeaux jusqu'à ce point sera $585 - x$. Or ces deux nombres de kilomètres sont parcourus pendant le même temps par les deux trains ; le rapport entre les deux nombres x et $585 - x$ doit par conséquent être égal au rapport entre les deux espaces 50 kilomètres et 32 kilomètres qu'ils parcourent dans une heure. On a donc

$$\frac{x}{585 - x} = \frac{50}{32}.$$

Pour que l'inconnu ne se trouve que dans un seul terme, on peut augmenter chaque dénominateur de son numérateur (n° 179); on a ainsi

$$\frac{x}{585} = \frac{50}{32 + 50}$$

d'où
$$x = 585 \times \frac{50}{82} = 556^{kil}.$$

PROBLÈME 4 (page 93). — *On a employé 6 ouvriers pendant 14 jours pour faire 124 mètres d'un ouvrage ; combien aurait-il fallu d'ouvriers pour faire 92 mètres du même ouvrage en 8 jours ?*

$$6^o \quad 14^j \quad 124^m$$
$$x \quad 8 \quad 92.$$

Pour résoudre ce problème, considérons d'abord seulement les deux nombres d'ouvriers et les deux nombres de jours, ce qui revient au problème suivant :

$$6^o \quad 14^j \quad 124^m$$
$$y \quad 8 \quad 124.$$

Le nombre de mètres restant le même est inutile ; et comme

on cherche ici le nombre d'ouvriers qui feront 124 mètres en 8 jours, nous le désignerons par une autre lettre que x, par y.

Le rapport des deux nombres d'ouvriers est égal au rapport inverse des deux nombres de jours. On a donc, d'après le problème 2,

$$y = 6° \times \frac{14}{8}.$$

Nous avons maintenant à résoudre ce second problème; *y ouvriers ont fait 124 mètres en 8 jours; combien faudra-t-il d'ouvriers pour faire 92 mètres dans le même temps?*

$$y° \quad 124^{m} \quad 8^{j}$$
$$x \quad \ \ 92 \quad \ 8.$$

Le nombre de jours restant le même, on ne s'en occupe pas.

Le rapport des deux nombres d'ouvriers doit être égal au rapport des deux nombres de mètres; on a donc

$$\frac{124}{92} = \frac{y}{x},$$

d'où

$$x = y \times \frac{92}{124},$$

et en remplaçant y par sa valeur ci-dessus, on obtient

$$x = 6° \times \frac{14}{8} \times \frac{92}{124}.$$

Si l'on observe que l'inconnu est égal au nombre d'ouvriers connu multiplié par le rapport inverse des deux nombres de jours, et le rapport direct des deux nombres de mètres, on peut énoncer la règle suivante.

RÈGLE. — *Lorsque les données d'un problème, y compris l'inconnu, sont deux à deux de même espèce, si le rapport de l'inconnu au nombre connu de même espèce est égal au rapport direct ou inverse des deux nombres de chacune des autres espèces, la valeur de l'inconnu est égale au nombre connu de* *même espèce multiplié par le rapport des deux nombres de chaque autre espèce. On met le plus grand des nombres de même espèce au numérateur du rapport, lorsque en raison de ces deux nombres l'inconnu doit être plus grand que le nombre connu de même espèce, et le plus petit au numérateur dans le cas contraire* (*).

Avant de commencer les opérations, on ne doit pas oublier de supprimer les facteurs communs au numérateur et au dénominateur.

Ainsi dans l'expression trouvée pour x on peut diviser les deux termes de $\dfrac{14}{8}$ par 2, et les deux termes de $\dfrac{92}{124}$ par 4 ; on trouve de cette manière

$$x = 6^{\circ} \times \frac{7}{4} \times \frac{23}{31} = \frac{6 \times 7 \times 23}{4 \times 31}.$$

En divisant encore par 2 le facteur 6 du dividende et le facteur 4 du diviseur, on trouve enfin

$$x = \frac{3 \times 7 \times 23}{62} = 7^{\circ},79.$$

PARTAGE D'UN NOMBRE PROPORTIONNELLEMENT A DES NOMBRES
DONNÉS.

183. Définition. — On dit que *plusieurs nombres* a, b, c, d,... *sont proportionnels à d'autres nombres* m, n, p, q...; *lorsque le rapport de deux nombres quelconques de la première série est égal au rapport des deux nombres correspondants de la seconde.*

On aura ainsi

$$\frac{a}{b} = \frac{m}{n}; \quad \frac{b}{c} = \frac{n}{p}; \quad \frac{c}{d} = \frac{p}{q}.$$

On peut énoncer cette propriété d'une manière plus simple. En

(*) Cette règle est vulgairement appelée *règle de trois composée.*

effet, si nous changeons les moyens de place entre eux dans ces trois proportions, nous aurons

$$\frac{a}{m}=\frac{b}{n}; \qquad \frac{b}{n}=\frac{c}{p}; \qquad \frac{c}{p}=\frac{d}{q};$$

par conséquent nous pouvons écrire

$$\frac{a}{m}=\frac{b}{n}=\frac{c}{p}=\frac{d}{q}.$$

D'après ce résultat, on peut dire aussi que *des nombres sont proportionnels à d'autres nombres, lorsque le quotient d'un nombre quelconque de la première série, divisé par le nombre correspondant de la seconde, est constant.*

Problème 5. — *Partager 274 en trois parties proportionnelles aux nombres 6, 9 et 12.*

Si on désigne la première partie par x, la seconde par y, et la troisième par z, on devra avoir d'après la seconde définition

$$\frac{x}{6}=\frac{y}{9}=\frac{z}{12}.$$

Or, dans une suite de rapports égaux, le rapport entre la somme des numérateurs et celle des dénominateurs est égal à chacun de ces rapports; on a donc

$$\frac{x}{6}=\frac{y}{9}=\frac{z}{12}=\frac{x+y+z}{6+9+12}=\frac{274}{27}.$$

De là on tire

$$\frac{x}{6}=\frac{274}{27}, \qquad \text{d'où} \qquad x=274\times\frac{6}{27}=60,818\,;$$

$$\frac{y}{9}=\frac{274}{27}, \qquad \text{d'où} \qquad y=274\times\frac{27}{9}=91,532\,;$$

$$\frac{z}{12}=\frac{274}{27}, \qquad \text{d'où} \qquad z=274\times\frac{12}{27}=121,776.$$

De ce qui précède résulte la règle suivante.

Pour diviser un nombre en parties proportionnelles à plusieurs nombres donnés, il faut additionner ces nombres donnés, diviser par leur somme le nombre à partager, et multiplier le quotient par chacun des nombres donnés.

Cette règle est précisément celle qui a été déjà démontrée plus simplement sous le nom de *Règle de société* (Iʳᵉ partie, nº 110).

Remarque. — Si les nombres donnés étaient fractionnaires, on les réduirait d'abord au même dénominateur, et on partagerait ensuite le nombre à diviser proportionnellement aux numérateurs.

Soit, par exemple, à partager 274 en trois parties proportionnelles aux nombres $\dfrac{2}{3}$, $\dfrac{5}{6}$, $\dfrac{7}{8}$.

On remplace ces fractions par les fractions équivalentes $\dfrac{16}{24}$, $\dfrac{20}{24}$, $\dfrac{21}{24}$, et on partage 274 en trois parties proportionnelles aux nombres entiers 16, 20 et 21.

CHAPITRE COMPLÉMENTAIRE

THÉORIE DES NOMBRES PREMIERS

Tous les principes relatifs aux nombres premiers ne sont que les conséquences de ce principe fondamental : *Il n'y a qu'un seul système de facteurs premiers qui puisse produire un nombre donné*, ou, comme on dit plus souvent : *Un nombre n'est décomposable qu'en un seul système de facteurs premiers.*

Malheureusement il n'est pas possible d'en donner une démonstration directe ; on est obligé pour cela de remonter jusqu'à la théorie de la recherche du plus grand commun diviseur de deux nombres, indépendante des propriétés des facteurs premiers.

C'est ce qui va faire l'objet de ce dernier chapitre.

RECHERCHE DU PLUS GRAND DIVISEUR COMMUN A DEUX NOMBRES

185. Cherchons le plus grand commun diviseur de 628 et 246. D'abord ce diviseur peut être au plus égal à 246, et si 246 divisait 628, il serait lui-même le diviseur cherché. Or la division de 628 par 246 donne le quotient 2 et le reste 136 ; le plus grand commun diviseur cherché est donc moindre que 246.

Ce diviseur doit être le même que celui de 246 et de 136. Pour le prouver, on fait voir que tous les diviseurs communs à 628 et à 246 sont les mêmes que les diviseurs communs à 246 et à 136. En effet, on a

$$628 = 246 \times 2 + 136.$$

Or tout diviseur commun à 628 et à 246 divise 246×2, et par conséquent divise 136, qui est la différence entre 628 et 246×2. Donc tous les diviseurs communs à 628 et à 246 divisent à la fois les trois nombres 628, 246 et 136.

Réciproquement tout diviseur commun à 246 et à 136 divise aussi 246×2, et par conséquent divise 628 qui est la somme des nombres 246×2 et 136. Donc tous les diviseurs communs à 246 et à 136 divisent à la fois les trois nombres 628, 246 et 136; ils sont donc les mêmes que ceux de 628 et de 246.

En répétant sur 246 et 136 le raisonnement précédent, on est amené à diviser 246 par 136; puis à diviser 136 par le reste 110 de cette division, et à continuer ainsi jusqu'à ce qu'on arrive à un reste nul.

Si on trouve un reste qui est premier avec le diviseur correspondant, il est inutile de pousser les divisions plus loin; car le plus grand commun diviseur cherché doit être le même que celui du diviseur et du reste de l'une quelconque des divisions successives. Dans ce cas le plus grand commun diviseur cherché est 1 ; en d'autres termes les deux nombres proposés sont premiers entre eux.

RÈGLE. — *Pour trouver le plus grand commun diviseur de deux nombres on divise le plus grand par le plus petit; puis le diviseur de cette division par le reste; le diviseur de la deuxième division par le reste, et ainsi de suite jusqu'à ce qu'on trouve un reste nul. Le dernier diviseur employé est le plus grand commun diviseur cherché.*

Si la division du plus grand nombre par le plus petit, se fait exactement, c'est le plus petit des deux nombres qui est lui-même le diviseur cherché.

On dispose ordinairement l'opération de la manière suivante :

	2	1	1	4	4	3
628	246	136	110	26	6	2
492	136	110	104	24	6	
136	110	26	6	2	0	

186. Du raisonnement précédent résultent les deux conséquences suivantes :

1° *Tout diviseur commun à deux nombres divise aussi leur plus grand commun diviseur.*

En effet on a montré que tout diviseur commun à deux nombres divise les restes des divisions successives que l'on fait pour trouver leur plus grand commun diviseur. Par conséquent il divise aussi ce plus grand commun diviseur qui est le dernier reste.

2° *Si on multiplie deux nombres par un troisième, leur plus grand commun diviseur est aussi multiplié par le troisième.*

En effet, supposons qu'on multiplie 628 et 246 par 12 ; le reste de la première division sera multiplié par 12. Dans la seconde on aura à diviser 246×12 par 136×12 ; le reste sera donc 110×12. Ainsi les restes de toutes les divisions successives se trouveront multipliés par 12 ; il en sera de même du plus grand commun diviseur qui est le dernier de ces restes.

PROPRIÉTÉS DES FACTEURS PREMIERS.

187. Principe I. — *Tout nombre qui divise un produit de deux facteurs et qui est premier avec l'un de ces facteurs divise l'autre.*

Soit le nombre 936 qui est le produit de 52 par 18. Le nombre 13 divise 936, comme on le voit en faisant la division ; or, comme il est premier avec 18, il devra nécessairement diviser 52.

En effet 18 et 13, étant premiers entre eux, n'ont d'autre diviseur commun que l'unité.

Si on multiplie ensuite ces deux nombres par 52, le plus grand diviseur commun des deux produits 936 et 13×52

$$18 \qquad 13 \qquad 1$$
$$936 \qquad 13 \times 52 \qquad 52$$

sera 52 (n° 186). Or 13 divise 936 ; il divise aussi le produit 13×52 ; donc il doit diviser 52, leur plus grand commun diviseur.

Remarque. — Quand un nombre qui divise un produit de

deux facteurs n'est pas premier avec l'un de ces facteurs, il peut arriver qu'il divise l'autre facteur, ou qu'il ne le divise pas.

190. Principe II. — *Tout nombre premier qui divise un produit de plusieurs facteurs divise au moins un de ces facteurs.*

Supposons qu'un nombre premier désigné par p divise le produit $n = 7 \times 8 \times 9 \times 15$; il divisera au moins un des facteurs 7, 8, 9, 15.

En effet, si p divise 15, par exemple, le principe est démontré. S'il ne le divise pas, il est premier avec lui. Or n peut être regardé comme le produit de deux facteurs $(7 \times 8 \times 9)$ et 15 : donc p divisant n et étant premier avec 15 doit diviser l'autre facteur $7 \times 8 \times 9$.

En raisonnant sur le produit $7 \times 8 \times 9$ comme précédemment, on voit que si p ne divise pas 9, il devra diviser l'autre facteur 7×8; enfin p divisant 7×8, s'il est premier avec 7, il devra diviser 8.

191. Principe III. — *Il n'y a un qu'un seul système de facteurs premiers qui puisse produire un nombre donné.*

Pour le démontrer, considérons un nombre n égal par exemple à $2^5 \times 3^2 \times 7$, et supposons que d'autres facteurs premiers a, b, c, d,... multipliés entre eux reproduisent aussi n. Nous aurons

$$n = 2^5 \times 3^2 \times 7; \quad n = a \times b \times c \times d...$$

Le facteur premier a divisant le nombre n doit diviser un de ses facteurs, et pour cela il faut qu'il soit égal à un des facteurs 2, 3, 7 qui sont premiers; soit donc $a = 2$.

Divisons n par 2, et désignons le quotient par n'; nous aurons

$$n' = 2^2 \times 3^2 \times 7; \quad n' = b \times c \times d...$$

Le facteur premier b divisant n' devra diviser un de ses facteurs, et pour cela il faut qu'il soit égal à un des facteurs 2, 3, 7; soit donc $b = 7$.

Divisons n' par 7, et désignons le quotient par n''; nous aurons

$$n'' = 2^2 \times 3^2; \quad n'' = c \times d \ldots$$

En continuant ainsi on trouve que les facteurs littéraux sont précisément égaux aux facteurs numériques de n ; il n'y a donc pas d'autres facteurs premiers que ceux du produit $2^3 \times 3^3 \times 7$ qui puissent reproduire le nombre n.

192. Principe IV. — *Quand un nombre est divisible par d'autres nombres premiers entre eux, il est divisible par leurs produits deux à deux, trois à trois, etc.*

Soit un nombre n divisible par chacun des nombres 3, 7, 8, 13 qui sont premiers entre eux.

D'abord n étant divisible par 3, si on appelle a le quotient de la division, on aura

$$n = 3 \times a.$$

Le nombre 7 divisant n, c'est-à-dire le produit $3 \times a$, et étant premier avec 3 devra diviser a. Si on appelle b le quotient de cette division, on aura

$$a = 7 \times b, \quad \text{d'où } n = 3 \times 7 \times b.$$

De même 8 divisant n et étant premier avec 3 et avec 7 devra diviser b. Si on appelle c le quotient de cette troisième division, on aura

$$b = 8 \times c, \quad \text{d'où } n = 3 \times 7 \times 8 \times c.$$

On voit, sans aller plus loin, que le nombre n est divisible par 3×7, par 3×8, par $3 \times 7 \times 8$, etc. Le principe est donc démontré.

Remarque. — Lorsque les nombres qui divisent un nombre donné ne sont pas premiers entre eux, il peut arriver que ce dernier nombre soit divisible par les produits des autres, ou qu'il ne le soit pas. (Voir la note au bas de la page 129.)

193. Le principe du n° 187 permet de démontrer le principe suivant relatif aux fractions ordinaires.

Quand les deux termes d'une fraction sont premiers entre eux, elle ne peut être équivalente à aucune autre fraction ayant aussi des termes premiers entre eux.

Considérons la fraction $\dfrac{7}{8}$ dont les deux termes sont premiers entre eux, et désignons par $\dfrac{a}{b}$ une fraction équivalente à $\dfrac{7}{8}$. Nous avons

$$\frac{a}{b} = \frac{7}{8}.$$

Si on multiplie les deux membres de cette égalité par b, on trouve

$$a = \frac{7 \times b}{8}.$$

Or a étant un nombre entier, 8 doit diviser le produit $7 \times b$; mais comme il est premier avec 7, il faut qu'il divise b; on aura donc $b = 8 \times n$, en désignant par n un nombre entier.

Remplaçant b par cette valeur dans celle de a, on trouve

$$a = \frac{7 \times 8 \times n}{8} = 7 \times n.$$

On voit par là que si on suppose la fraction $\dfrac{a}{b}$ égale à $\dfrac{7}{8}$, les deux termes a et b sont égaux respectivement à 7 et à 8 multipliés par un même nombre entier. Ainsi les deux termes d'une fraction équivalente à $\dfrac{7}{8}$ ne sont pas premiers entre eux; ils sont des *équimultiples* des deux termes 7 et 8.

RACINES DE DIVERS DEGRÉS

194. Au moyen de la racine carrée et de la racine cubique d'un nombre, il est possible de calculer des racines d'un degré plus élevé. Par exemple *si l'on extrait la racine carrée d'un nombre, puis la racine carrée de cette racine carrée, on obtient la racine quatrième de ce nombre.*

En effet, pour abréger désignons par n un nombre quelconque, et par a sa racine carrée, on aura

$$n = a \times a.$$

Désignons ensuite par b la racine carrée de a, on aura

$$a = b \times b.$$

Remplaçant a par cette valeur dans l'égalité précédente, on trouve

$$n = b \times b \times b \times b.$$

Puisque le nombre n est le produit de quatre facteurs égaux à b, le nombre b est bien la racine quatrième du nombre n.

Par un raisonnement semblable, on arrive aux conséquences suivantes :

La racine carrée de la racine quatrième d'un nombre est la racine huitième de ce nombre.

La racine cubique de la racine cubique d'un nombre est la racine neuvième de ce nombre.

La racine cubique de la racine carrée d'un nombre est la racine sixième de ce nombre.

REMARQUE. — La connaissance de la racine carrée et de la racine cubique ne donne pas le moyen de calculer la racine cinquième, et la racine septième, on est obligé de recourir pour cela à l'emploi des *logarithmes*. Leur étude est comprise dans le cours d'algèbre.

APPROXIMATIONS NUMÉRIQUES

Pour conserver une grande simplicité aux notions sur les approximations renfermées dans le chapitre XIII, nous nous sommes bornés aux principes essentiels. Nous croyons devoir ajouter ici quelques développements, en commençant par un problème très-propre à mettre en évidence l'utilité qu'offre la considération de l'erreur relative.

195. PROBLÈME. — *Un capital augmenté de son intérêt au bout de 7 mois à 4 $\frac{1}{2}$ %, a pris une valeur de 3468 francs. Quel est ce capital?*

On sait (n° 105, règle V) que pour trouver le capital demandé, il faut diviser la valeur donnée 3468 par 1 augmenté de l'intérêt de 1 franc au bout de 7 mois à 4 $\frac{1}{2}$ %.

Or cet intérêt de 1 franc ne peut pas être obtenu exactement, et il semble aux commençants que, s'ils le calculent jusqu'aux millièmes, ils auront aussi le quotient demandé jusqu'aux millièmes, ce qui est faux.

En effet, d'après la règle II du n° 105, l'intérêt de 1 franc au bout de 7 mois, à 4 $\frac{1}{2}$ %, est 0^{fr},026. Or, dans la division de 3468 par 1,026, le dividende étant exact et le diviseur approché par défaut, le quotient sera approché par excès, et l'erreur relative du quotient sera à peu près égale à celle du diviseur. Comme les quatre premiers chiffres du diviseur sont connus, son erreur relative est moindre que $\frac{1}{1000}$ (n° 154); celle du quotient sera par conséquent aussi moindre que $\frac{1}{1000}$, et on pourra seulement compter sur l'exactitude des trois premiers chiffres (n° 155).

Il est facile de voir que le quotient demandé doit avoir quatre chiffres à sa partie entière; on ne connaîtrait donc le capital cherché que jusqu'au chiffre des dizaines inclusivement, ce qui est tout à fait insuffisant.

Cherchons donc d'abord combien le diviseur doit avoir de chiffres pour que le quotient soit exact jusqu'au chiffre des unités inclusivement, c'est-à-dire ait *quatre* chiffres exacts. Pour qu'il en soit ainsi, il faut que l'erreur relative dont il se trouvera affecté soit moindre que $\frac{1}{10000}$ (n° 155); celle du diviseur doit par conséquent être aussi moindre que $\frac{1}{10000}$, et pour cela on doit le connaître avec *cinq* chiffres (n° 154), c'est-à-dire avec quatre chiffres décimaux, puisqu'il a un chiffre à la partie entière.

L'intérêt de 1 franc avec quatre chiffres décimaux est $0^{fr},0262$. On divisera donc 3468 par 1,0262, d'après la règle ordinaire, en s'arrêtant au chiffre des unités du quotient, ce qui donne 3379 francs pour le capital demandé, avec une erreur moindre que 1 franc.

196. — PROBLÈME. *Calculer la valeur de la fraction* $\dfrac{17}{\sqrt{23}}$ *jusqu'aux millièmes inclusivement.*

Dans ce problème nous considérerons l'erreur absolue.

On chasse d'abord le radical du dénominateur, en multipliant les deux termes de la fraction par ce dénominateur, ce qui donne $\dfrac{17\times\sqrt{23}}{23}$ ou $\sqrt{23}\times\frac{17}{23}$. Il ne s'agit plus que d'extraire la racine carrée de 23, avec un degré d'approximation tel que l'erreur absolue de cette racine étant multipliée par $\frac{17}{23}$ soit moindre que 0,001. Il suffit pour cela que l'erreur de cette racine soit elle-même moindre que 0,001 (n° 148, 1°). On extraira donc la racine carrée de 23 jusqu'au chiffre des millièmes, et on multipliera le résultat par $\frac{17}{23}$.

197. Erreur relative d'un produit de plusieurs facteurs. — *L'erreur relative d'un produit de plusieurs facteurs approchés dans le même sens est à peu près égale à la somme des erreurs relatives de ces facteurs.*

En effet, l'erreur relative du produit des deux premiers facteurs est à peu près égale à la somme des erreurs relatives de ces facteurs. Si l'on multiplie ensuite ce produit par le troisième facteur, l'erreur relative de ce nouveau produit sera à peu près égale à la somme des erreurs relatives du produit des deux premiers facteurs et de celle du troisième facteur, etc.

198. Puissances et racines. — Une puissance d'un nombre n'étant autre chose que le produit de plusieurs facteurs égaux à ce nombre, on peut lui appliquer le principe précédent. On dira donc :

1° *L'erreur relative du carré d'un nombre approché est à peu près égale au double de l'erreur relative de ce nombre.*

L'erreur relative du cube d'un nombre approché est à peu près égale au triple de l'erreur relative de ce nombre.

2° *Réciproquement, l'erreur relative de la racine carrée d'un nombre approché est à peu près la moitié de l'erreur relative de ce nombre.*

L'erreur relative de la racine cubique à un nombre approché est à peu près le tiers de l'erreur relative de ce nombre.

199. Exemple. Supposons qu'on ait à extraire a racine carrée du nombre 28,367 qui est seulement approché avec une erreur moindre que 0,001. Il s'agit de savoir combien on pourra avoir de chiffres exacts dans cette racine, et par conséquent à quel moment on devra arrêter l'opération.

L'erreur relative du nombre donné est moindre que $\frac{1}{20000}$; celle de sa racine carrée sera moindre que la moitié de $\frac{1}{20000}$, c'est-à-dire moindre que $\frac{1}{40000}$. D'après cela les quatre premiers chiffres de la racine seront exacts, et comme il n'y aura qu'un chiffre à la partie entière, la racine sera exacte jusqu'aux millièmes inclusivement. On extraira donc la racine carrée de 28,367000.

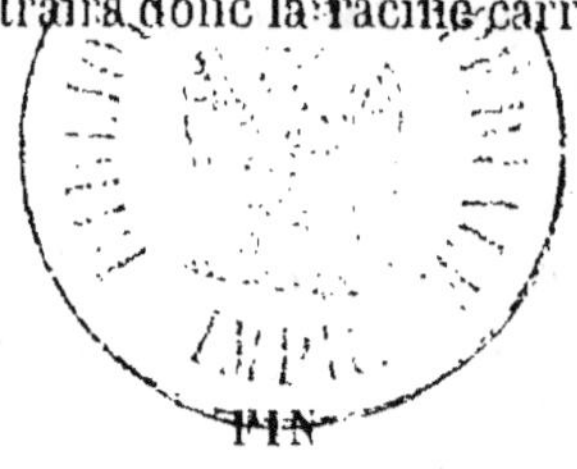

ERRATA

—

Page 81, ligne 16. *Au lieu de :* Il y a une exception, etc., *lire :*
A partir du 1er janvier 1869, les pièces d'argent de 1 franc et de
2 francs sont, comme celles de 50 centimes et de 20 centimes, au
titre de 0,835. Ces quatre pièces sont les mêmes en Belgique,
en Suisse et en Italie (Lois du 25 mai 1854 et du 14 juillet 1866).
Ibid., ligne 33. *Au lieu de :* à poids égal, *lire :* au titre de 0,900.

www.ingramcontent.com/pod-product-compliance
Lightning Source LLC
LaVergne TN
LVHW020202030726

842520LV00003B/849